信息时代的物理世界

实物与暗物的数理逻辑

宋文淼　阴和俊　张晓娟　著

（国家自然科学基金资助项目:60371003）

科学出版社

北　京

内 容 简 介

量子力学与相对论极大地改变了人类的思维和对自然的认识,极大地促进了科学技术的发展。量子力学与相对论是物理学的终结吗?未来的物理学向哪个方向发展?本书从实物与暗物的数理逻辑角度提供了一个视角,阐述了重建物理逻辑结构中的一些基本的概念问题:空间和时间、实物与暗物,并对相对论和量子力学的历史功勋和未来做了评述。

本书可供从事理论物理方面研究的工作者、相关领域的本科生、研究生使用,也可供对此领域感兴趣的广大爱好者使用。

图书在版编目(CIP)数据

实物与暗物的数理逻辑/宋文淼,阴和俊,张晓娟著.
—北京:科学出版社,2006
信息时代的物理世界
ISBN 978-7-03-016422-3

Ⅰ.实… Ⅱ.①宋… ②阴… ③张… Ⅲ.物理学-数理逻辑 Ⅳ.O411.1

中国版本图书馆 CIP 数据核字(2005)第 129073 号

责任编辑:鄢德平 张 静/责任校对:张怡君
责任印制:徐晓晨/封面设计:王 浩

科 学 出 版 社 出版
北京东黄城根北街 16 号
邮政编码:100717
http://www.sciencep.com

北京虎彩文化传播有限公司 印刷
科学出版社发行 各地新华书店经销
*
2006 年 6 月第 一 版 开本:A5(890×1240)
2019 年 1 月第三次印刷 印张:5 3/8
字数:120 000
定价:49.00元

前　　言

2004 年 11 月 26～28 日在北京香山饭店召开了"宇航科学前沿与光障问题"的香山科学会议第 242 次学术研讨会。这是一次在科学发展的重要时刻研讨物理学发展的一些基础性问题的学术会议。

联合国教科文组织《1998 年世界科学报告》的前言部分题为"科学的未来是什么?"中有一段话:"爱因斯坦的理论(相对论)和量子理论是 20 世纪的两大学术成就。遗憾的是,这两个理论迄今为止被证明是对立的。这是一个严重的障碍[1]。"其实并不只是相对论与量子理论被证明是对立的,更重要的是,不论相对论还是量子理论都是与工程技术科学中的宏观理论相对立的,只不过现代物理学界早已把宏观物理学从物理理论中排除了,不是认为它是相对论的近似形式就是认为它是量子理论的近似形式。他们热衷的只是寻找相对论与量子理论的结合。但是,把人类几千年发展过程中所有直接经验所积累起来的知识和形成知识基础的逻辑排除在一边,不是一条科学发展的明智途径。一定意义上说,宏观理论就是一种来自人类直接经验的理论,所以弥合相对论与量子理论最确实的途径就是去寻找那些理论科学与生产和技术发展中产生的工程技术科学之间的结合点,当然要寻找这种结合点同样需要工程和技术科学家学习和应用先进的数学和物理学理论。整个 20 世纪物理世界被分割为微观世界、宏观世界和宇观世界三个不同范畴,它们各自独立地发展着:它们有各自不同的逻辑前提、各自不同的研究方法和对于物理世界的各自不同的基本规律。联合国教科文组织在世纪之交的时候,把它作为科学发展的严重障碍提出来,这就说明：现在这一状况不仅已经成为科学发展的严重障碍，同时也已产生了克服这一障碍的客观条件。这就是工程技术科学的发展，已经确确实实地跨越了这三个物理世界之间的交界线，并积累了大量的感性材料：宏观电磁场理论的发展已经彻底改变了20世纪初期对电磁波（包括光）的认识，对光速也有了完全不同于爱因斯坦时代的理解；激光技术的发展使得物理时间达到了极高的精度，以前用"宏观理论是相对论的一种低速下的近似形式"一句话，就把两者在逻辑体系上的矛盾轻轻掩盖过去了，现在物理时间的精度已经可以直接检验这两者的真实关系了；航天和信息科学的发展更是使时间和空间的概念不再是理论物理学家在象牙塔上争论的虚拟的命题，而成了与成千上万人的生产、生活和安全密切相关的问题。

爱因斯坦曾经说过关于请牛顿原谅的著名的话："牛顿啊，请原谅我，你所发现的道路，在你那个时代，是一位具有最高思维能力和创造力的人所能发现的唯一的道路，你所创造的概念，甚至今天仍然指导着我们的物理学思想，虽然我们现在知道，如果要更深入地理解各种联系，那就必须用另外一些离直接经验较远的概念来代替这些概念"[2]。现在看来，一个世纪以前的那些离直接经验较远的概念，现在同样要经受"与人类的生产和生活息息相关的"直接经验的检验了。一个世纪的实践将会告诉人们：一个世纪前的那些离直接经验较远的概念中，有些已经变成了人们的直接经验；有些原来像海市蜃楼般美丽但是虚幻的景象，当你远远地看着它的时候，它是那样的魅力四射，但是当你一走近它，它就消失得无影无踪了；当然还有很多景象是我们依然搞不清楚的，在一百年前是一个遥远而美丽的憧憬，走了一百年依然是那么的遥远。毕竟对于人类的科学发展历史来说一百年只是短暂的一瞬间，留着些海市蜃楼式的景象让人们去继续追寻不是一件坏事。

但是，从牛顿以来已经过去了四百多年，从相对论诞生也已经有一百年了，世界毕竟已经发生了巨大的变化，正像联合国教科文组织所指出的那样，我们不能总是让那些相互对立的概念阻碍着科学的发展。当社会的工程、技术和生产的航船驶入微观、宏观和宇观世界的交叉领域时，人们发现前面布满相互矛盾的航标。当然，社会发展的航船会开辟出自己前进的道路，但是清理一下航标无疑是必要的。当近代和现代历史上社会发展的航船两次抉择航向的时候，我们中华大地一直沉睡着。只是当西方的航船打破国门的时候，我们虽然惊醒了，但我们却只能远远地歪歪斜斜地跟随着西方的航船。

每当科学处于十字路口的时候，科学理论上的激烈争论也会造成哲学上和意识形态上的分歧和斗争。但是这一次已经与以前的几次科学争论的情况不同了：在前两次的科学大争论中，中国人还沉睡在封建礼教的迷梦中，做着天圆地方、天不变道亦不变的美梦；这一次不仅应该有中国人的参与，而且中国人应该起到与中国人在历史文明和现代崛起中相适应的作用；同时人类文明的发展已经能够更明智地来处理这些科学上的争论了，已经懂得了理解重于批判这样的道理。我们要学会理解别人，更要学习如何被理解，只有相互理解才是创建新理论的明智途径。工程技术科学工作者需要很好地理解爱因斯坦相对论对于科学发展的贡献：他的理论到底真正解决了哪些物理问题？为什么他的理论能成功地解释了一些以前所不能解释的现象？他的理论到底在什么范围内、什么意义上和怎样解释了那些以前所得不到解释的物理现象？我们也需要理解广义相对论的意义所在，只有这样我们才能真正理解我们的目标和任务。关于"宇航科学前沿和光障问题"的香山科学会议第 242 次学术研讨会就是这样的一个标志。这次学术研讨会正是在这一关键时刻，由工程技术科学、相对论和量子理论这三个不同学术领域的科学家一起,共同来讨论这样一个对于科学发展的关键问题的科学讨论会。

这本书就是在香山会议材料的基础上修改而成的。在会议上各个领域科学家的报告大大开阔了作者的科学视野,从囿于电磁场理论和微波技术的狭隘的角度,开始考虑新世纪科学所面临的微观、宏观和宇观物理世界的矛盾和统一的问题,当然这仅仅是开始考虑而已。后来又对已有的材料作了较大的修改。所以总的来说这仍然只是一本知识性的小册子。其中对所有涉及的物理和数学问题只给出概括性的描述,而不作展开。这样有利于不同领域的科研工作者阅读,也可以成为有大学本科水平的对于科学有兴趣的各界人士作为知识性的科普书来阅读。

我们这里提出的实物与暗物的数理逻辑,并不是想在已经过于复杂的各种理论体系中再增加更多的混乱,而是想把物理世界搞得简单明了些。这里的"暗物"是受到现代宇宙学的启发,而从那里借用来的一个名词,但是它与现代宇宙学中可多可少、或有或无、可意会而不可言传的暗物质是完全两回事。我们这里只谈工程技术中所出现的能够通过测量和用数学形式表示的,而且两者的一致性是由工程技术实践所证实了的那些东西。实物基本上就是牛顿所定义的物质,为了像爱因斯坦所指出的那样克服牛顿理论对于物质描述的简单化模式,所以加入了暗物,它实际上就是爱因斯坦所讨论的场与波。当然讨论的方法与爱因斯坦不一样。它不是由方程引入的,更不是霍金所说的,必须以某种理论为依据的,而是麦克斯韦所首先发现,经过赫兹等无数电磁场理论和工程科学家所逐步完善,并在微波和信息工程中广泛应用的实实在在的物质,它与牛顿物质有完全不同的存在和运动的形式。在我们看来,这两种物质的完全不同的存在和运动形式,已经使得爱因斯坦的所有物质运动都必须能够用某一方程式来表示的"相对性原理"变得实在不容易理解了。因此我们宁愿违背爱因斯坦的意志，分别用不同的方程式来描述两类不同的物质。这样一来，物质这个词的含义就变得实在太庞杂了，不得不采用实物与暗物这样两个词来分别表示两类完全不同的物质存在形式。但是，这并不意味着用统一的数学形式来表示物理世界的共同规律是不可能或不合理的，只是说用一个常数 c（抑或用任何其他的常数）简单地把时间和空间联系起来，组成一个简单的四维几何，就一定可以得到描述整个物理世界的正确规律，这在现在看来好像只是一种过于简单、幼稚的想法。但是，为了描述物理世界的运动过程必须把时间和空间联系起来，这一爱因斯坦所提出的观念无异是完全正确的，它也是本书中所要讨论的问题。但是这是一个需要进行大量细致的数学运算和逻辑论证的问题，这里只能表示这样的一种可能性或愿望，也许我们还能在以后用严密的学术专著的形式来谈论这一问题。

　　本书中也讲一些逻辑，那是人类正常思维方式的基础，但只是讲一些与物理学相关的逻辑概念，而不深入探讨作为数学基础的那些非常繁复的逻辑理论。当然，我们认为逻辑学、数学是物理学的重要基础，物理学必须建立在正确的数学和逻辑理论的基础之上，但是我们还是希望可以在逻辑学、数学与物理学之间划分出一些虽然有些模糊的边界，以使在大多数情况下，我们能够区别通过这些边界进入到物理学的哲学和逻辑概念是真实的还是虚假的。

　　我们完全没有必要描述一个完整的物理世界的那种想法，如果那样想，实在太自不量力了。实际上我们也知道现代物理学家所研究的物质世界的范围远远超过本书中所讨论的范围。但是现代物理学中，引力与整个现代物理学体系的整合比任何其他类型的力都要困难得多。一些理论物理学家，甚至已经在观测几百亿年前和几百亿光年之外发生的现象，并能把那些现象整合在他的理论体系中,但是他的理论总是整合不了引力与电磁力之间的观察结果。其原因也很简单,因为某些现代物理学家所观察的物理实在是以他的理论为前提的,而电磁力和引力除了他的理论以外,还不得不考虑客观实在,他没有能力把已经进入工程和技术领域的观察结果纳入他的理论体系之中,因为这些感性材料是与千百万人的生产、生活甚至安全息息相关的,是时时处处都有千百万人在进行着的观察和实践的结果,而不是像理论物理和宇宙学中那样可以把他的理论作为前提的"客观实在"。这样在一个相对有限的物理世界中我们或许可以得到更加确实的一些知识,如果能够把牛顿的有质物质、电磁场、波的运动规律和他们之间的相互作用确实地搞清楚,我们或许就有更好的基础去搞清楚微观世界、宏观世界和宇观世界中的相关的物质运动规律。我们生活中所接触的主要是这两部分物质的运动形式,在宇宙中这两部分物质运动形式也许是起主要作用的。其他更复杂的物质运动形式或许大多是在物质更密集的凝聚形态下所产生的,当然研究这些物质运动形态对人类的发展来说是非常重要的,它可以进一步扩展人类生产和生活的范围。但是,要真正搞清楚它们的运动形式,或许也要到人类能够真正把它们应用于日常的生产和生活的时候。**有质物质和光(或波)是人类生存所依赖的环境,有了这些合适的环境很长很长时间以后才有人类。在人类整个文明发展过程中,人类一直在研究它们,然而实际上人类直到现在对它们的运动形式仍然还有很多不清楚的地方;说得更确切些,实际上还只是了解其中的一些皮毛而已。我实在还说不出有哪个物理领域像某些物理学家所常说的那样,"已经被所有的物理学实验所证实,为几乎所有物理学家所公认"**。所以,对于任何一种物理理论都是可以研究和讨论的,当然需要用正确的方法。科学研究本身是没有禁区的,如果说有什么禁区的话,那应该是指那种以科学的名义来达到某种与科学无关的目的而采用的各种方法和手段。

相对论确实到了像爱因斯坦本人所说的那样需要被新的理论来代替的时候了,国内很多学者都在为此而努力,从他们身上:我学到了很多知识和勇气,他们都是值得尊敬的人。在科学上理解要重于批判。一批判就会殃及无辜,年轻的时候就听说过批判亚里士多德和托勒密的地心说,那时把他们恨得要死。现在才知道,没有亚里士多德和托勒密就没有哥白尼,如果亚里士多德像那个时代科学上的太阳,哥白尼也就像个月亮。如果说有需要批判的,那也只是伽利略、牛顿时代的"亚里士多德",19世纪末的"牛顿"和21世纪的"爱因斯坦"们,所坚持的是应该过时的旧观念。但是这些人中大部分也是对科学很有贡献的值得尊敬的人;当然这中间也有一些以科学的名义来达到另外目的的人,而对于这些人根本没有值得批判的东西,也不是科学批判所能解决问题的。作为科学工作者,主要的任务只是把科学问题讲清楚,并能够为别人所理解。理解并学习每一位前辈科学家工作中合理的地方,如果确实证明他们的理论有错误,理解他们真正错在什么地方和原因,这才是最重要的,因为这些错误中大多数只是由于历史原因而不得不犯的"错误"。同样我们也要学习如何被理解,我们只有能够学会理解别人、理解不同背景、不同领域和不同观点的科学家的工作,我们才能够更好地学会如何被理解。

作者

目　　录

前言

第一章　20世纪物理学进展与问题 …………………………………………（1）

　　§1.1　物理学发展的历史回顾 …………………………………………（2）

　　§1.2　相对论与量子理论矛盾的实质——波粒二象性 ………………（8）

　　§1.3　关于光本质的讨论 ………………………………………………（11）

　　§1.4　关于自然哲学的数学原理 ………………………………………（14）

第二章　现代电磁场理论 …………………………………………………（18）

　　§2.1　电磁场的算子理论和电磁场基本方程组 ………………………（20）

　　§2.2　为什么不能把波理论纳入经典理论的框架 ……………………（26）

　　§2.3　波函数空间理论的数理逻辑和实践基础 ………………………（29）

　　§2.4　关于光速、光速的测量和超光速问题 …………………………（35）

第三章　宏观力学中的数理逻辑问题 ……………………………………（41）

　　§3.1　牛顿力学与引力场 ………………………………………………（43）

　　§3.2　流体力学中的两种分析方法 ……………………………………（49）

　　§3.3　流体力学中涡与波 ………………………………………………（54）

　　§3.4　流体力学中数理逻辑结构的进一步探讨 ………………………（57）

　　§3.5　引力场、力学波、引力波及其与电磁场和波的比较 …………（61）

第四章　时间和空间 ………………………………………………………（67）

　　§4.1　物理时空和逻辑时空 ……………………………………………（68）

　　§4.2　时空框架的历史发展过程 ………………………………………（71）

　　§4.3　逻辑时空中的数学问题 …………………………………………（78）

　　§4.4　关于绝对运动和绝对速度问题 …………………………………（85）

第五章　实物与暗物 ………………………………………………………（91）

　　§5.1　物质存在及其运动的基本形式的探讨 …………………………（92）

　　§5.2　实物 ………………………………………………………………（100）

　　§5.3　暗物（或虚物） …………………………………………………（104）

　　§5.4　实物与暗物的数理逻辑体系 ·································· (113)

第六章　相对论·· (118)

　　§6.1　狭义相对论的回顾和讨论 ····························· (119)

　　§6.2　爱因斯坦的广义相对论和霍金的广义相对论 ········· (125)

　　§6.3　有关相对论实验的分析 ······························· (133)

　　§6.4　爱因斯坦哲学观和对我们时代的贡献 ··············· (137)

第七章　科学的未来是什么······························· (141)

　　§7.1　自然科学体系的逻辑重建 ····························· (143)

　　§7.2　量子理论的未来 ····································· (149)

　　§7.3　结束语 ··· (151)

参考文献·· (158)

第一章　20世纪物理学进展与问题

物理学传入中国的时候,不叫物理,而叫格致,来自"格物致知"这个古语。这个古语由两个词所组成,各取其前面的字,就成了"格致"。"理"也就是"知"的意思,如果我们把"格物致知"改为"格物致理",意思是一样的。前面两个字表示方法(框架)和途径(演绎),后面两个字表示的是对象(物)和目标(理,规律)。不知是哪一位前辈的大学问家把格致改成了物理,于是人们都知道"物理学是研究物质运动普遍规律的学科"。否则似乎就应该说,格致是研究在一定的框架下进行演绎的方法,这就更像是逻辑学了。当然是物理学的名字比格致要好,但是事实上物理又总是与格致纠缠在一起的。

在物理学上,我们已经历了亚里士多德、牛顿和爱因斯坦三个时代。这三位之所以成为物理学上划时代的大家,就是因为:他们都建立了一个框架,并把当时人们关心的大部分问题都放入了这个框架里。看来框和物就这样联系在一起:没有框,物只能杂乱无章地散放在各个角落;有了框才有可能把物分门别类地有规则地放在框里,使人一目了然,并看到原来物与物之间还有这样那样的关系,而演绎的方法还能不断地推导出越来越多的定理,预示着可能有的更多的东西。框被装得越来越满了,渐渐地终于发现很多新的东西装在这个框里实在不合适,于是就有人要寻找新的框。**物理学中的这个框,主要是空间和时间以及把空间、时间与万物运动联系在一起的那种数学关系。**有人往往会问:时间、空间和"物"到底哪个是主要的? 回答是"物"才是最重要的,时间和空间是用来描述万物运动的工具,工具或方法哪能比它的对象主体更重要呢？但是又会一次又一次的否定这种简单的看法，也许我们还要一直这样的讨论下去。

所有的框架都是在一定的历史范畴下出现的，它所装载的也是在当时的历史条件下人类所认识的主要的事物。随着历史的发展，人类认识事物的深度和广度与以前的历史条件下的那些完全不相同了，所以那些旧的框架似乎就应该放弃了。但是情况又不完全是那样的简单，因为支撑起一个历史时期科学大厦的那个框架不仅是靠那个时代的感性材料，更靠一种可以逾越时代的灵感。科学的发展从来就不是简单的否定，而是继承基础上的否定，所以在讨论 20 世纪物理学的进展与问题时，回顾一下物理学的发展历史是有意义的。

§1.1　物理学发展的历史回顾

记得几年前在《参考消息》上看到过杨振宁教授在香港一所大学谈科学，他先说了中国的传统科学，那就是我国自古以来有世界最丰富的关于自然现象的记录和某些领域，如中医学中对于观察材料的细致的分析和综合，接着就谈到作为现代科学基础的逻辑（这首先是在希腊产生的）。逻辑的原来意思是神，古希腊的科学家们把它变成了一种建立人类思维和科学理论的规则。所以我想科学，特别是物理学的来源就在于人类实践中所积累的感性材料和正确的逻辑思维规则，所以讲物理学的历史就不能不首先讲亚里士多德和他同时代科学家们的工作。

亚里士多德[3]是公元前 3 世纪的人，他把空间描绘得像一座堂皇的古建筑，在那里可以容纳各种不同类型的"物"，并按照当时人们所理解的情形各得其所地运动着。首先充满整个宇宙空间的是一种叫"以太"的物。除了以太，还有重物和轻物，重物通过以太往下掉入宇宙的中心——地球，轻物上升并停留在天幕的各个层面上，形成了太阳、月亮、行星和恒星。为了说明宇宙运行要遵循的规律,他还提出了三段式的逻辑规则。这就是公理——逻辑演绎——逻辑结果,公理和逻辑演绎在一起构成逻辑结构。

亚里士多德框架中对于看得见的事物的那些具体安排,随着时代的进步都被改变了。但是那些看不见的灵感:他制定的逻辑规则,仍被大家所应用;他所提出的充满宇宙的看不见摸不着的以太,他对复杂的空间结构的想象力等等,却一直像灵一样地纠缠着整个物理学界。

对亚里士多德宇宙框架的有力批判来自哥白尼——不是太阳绕着地球转而是地球绕着太阳转。对于任何一个物理世界的框架,这样的批判都是终有一天会来到的,而且总是来得那样的自然;经过越来越多的天文观察,发现按照亚里士多德的体系(形式上是对更具体的托勒密地心宇宙体系),天幕的各个层面变得不再是那么规则的球面,而按照日心宇宙体系,这一天幕的形状则要规则得多。要推翻一个旧的物理世界的框架,真正困难的是建立一个可以代替它的框架。这一工作经过伽利略等人的努力,最后由牛顿在 17 世纪所完成了。1687 年《自然哲学的数学原理》出版,一个公认的新的物理世界框架诞生了。这个物理世界的框架是那样的简洁又是那样的精确。在那里空间和时间用简单的两句话就说得清清楚楚了。那就是"与任何外界无关、永远保持相同的不动的空间和处处相同且均匀流逝的时间"。在他的物理世界中,"物"就更简单了,那就是可以用一个称为质量的常数来表示的物质。这么简单的三个量,经过他的万有引力、运动定律和一套微积分运算,竟然把从亚里士多德时代起一直说不清楚的宇宙图景用一些公式精确地计算出来了。于是许多人认为物理学已经到了总结的时候了,需要的只是用牛顿理论对各类事物进行具体计算了。爱因斯坦的相对论就是在这样的背景下出现的。

1946 年爱因斯坦曾写道：

"现在来谈谈物理学当时的情况，当时物理学虽然在各个细节上都取得了丰硕的成果，但在原则问题上居统治地位的是教条式的顽固：开始时上帝创造了牛顿运动定律以及必需的质量和力，这就是一切，其他一切都可以用演绎法从适当的数学方法发展出来……"

"……上一世纪所有物理学家，都把古典力学看作是全部物理学的，甚至是全部自然科学的牢固的最终的基础，而且他们还孜孜不倦地把这一时期取得全面胜利的电磁理论也建立在力学的基础之上。"[5]

爱因斯坦的物理框架从形式上来看，就是相对论的时空框架，把时间和空间简单地用光速 c 联系在一起。这确实是一种超越时代的天才想象力。而这一点也恰好击中了牛顿物理框架的要害。但是他用一种简单的时空关系来替代真实的物理关系，正如亚里士多德用空间图景来代替物质运动规律那样，只是一种暂时的理论，最终总要回到真实的物质运动的轨道上来。在爱因斯坦的思想和理论发展过程中，总是越来越淡化时空关系中那些同样是僵化的公设。特别是到晚年，他更担心这一时空相对论的公设会成为物理学发展的障碍。上面的这段谈话就可以看出爱因斯坦的主要目标也就是要解决 17 世纪以来逐渐形成的把古典力学当作全部物理学甚至是全部自然科学牢固的最终基础的那种僵化的观念。这里已经非常明确地提出了牛顿物理框架的主要问题在于对力、物质和运动定律的僵化假定，而没有再提相对论的时空关系。

许多表面上看起来并没有什么关系的事物，实际上有着最紧密的联系，一条暗暗的线把它们紧紧地穿在一起。物理世界的三大框架（或者说三大时空框架），数学上的三个大的发展阶段和人类文明的三个历史时期就是这样。亚里士多德的宇宙框架像一座堂皇的古典建筑,在那里时间的因素是可以忽略的,就像金字塔那样矗立在北非沙漠五千多年,依然保持着古代文明的壮丽和恢宏。亚里士多德、托勒密、欧几里得差了三百多年,但是人们似乎都把他们看成同时代的人,是他们一起建起了古希腊壮丽的科学殿堂,哥白尼同他们差了一千三百多年,但是他好像仍是用同样的语言在和他们讨论宇宙的构造。这个语言就是现代称之为初等数学的语言。在那里物的结构都是在空间上建立起来的,时间在数学上还只是不连续的数列,万物的图画都是静止的,或者是不连续的,这样的物理图景称为静态的或准静态的。牛顿的世界动起来了,力和运动成了构成这个世界图景的最基本要素,它是工业社会的象征。牛顿的世界是按照他的经典分析的数学逻辑进行运动的。与初等数学相比,经典分析的最大进步是对于时间的处理,现在时间不再是一个个不连续的点,而成了实数轴上的连续变化的变量。这样一来,古代存在于中国和西方的关于"飞矢不动"和"兔子永远赶不上乌龟"的悖论就得到了解决。按照牛顿的理论,飞矢不但是动的,还可以精确地计算出每一点上运动的"瞬时速度"。这当然是对的,也是很好的。但是如果把飞矢在每一时刻都存在瞬时速度这一结论推广到任何事物的任何运动形式,这就会成为牛顿物理世界僵化的根源。牛顿时代的科学家认为任何物理量都是时间的连续函数,而且这种连续函数关系就像瞬时速度那样简单。其实这是需要付出代价的,那就是对物的僵化!把宇宙万物僵化成像箭一样的占有固定不变的空间大小和形状的"物质"。但是要说明这种僵化观念错在哪里却非常不容易,这比批判"飞矢不动"的悖论要难多了。但是随着信息时代的来临,那些从来只作为物质运动的伴随现象的"波",终于登上了物理世界主角的宝座。一种在空间连续分布的,占满整个空间的,在欧氏空间中没有固定位置和形状的"物",终于不再是不被承认的无足轻重的陪衬了。这样一来，物在空间的僵化的形象终于有可能被打破了。对于"波"来说，必须用一种完全不同的数学方法来描述。这就是基于波函数空间的现代分析的数学方法。当物不仅是时间的连续函数而且也是空间的连续函数的时候，对每一瞬时在欧氏空间中那类物理量的量度就变得没有意义了[6~8]。在正文中将可以看到爱因斯坦对波有一段非常精彩的论述，但是其中有一句话："但不应忘记，光学观测都同时间平均值有关，而非同瞬时值有关。"用现在的眼光来看这句话已经变得没有意义了，在信息时代用电磁波进行的所有观测都是与时间平均有关的，所谓的瞬时值其实也是某种时间平均值的极限形式，绝对的瞬时值是没有意义的。如果说十多年前，也许还很少会有人能够理解这句话，现在就不同了。信息科学技术的快速发展，特别是各种数字成像的信号处理技术的发展，可以使我们清清楚楚地看到，所谓任何一个"瞬时"的画面，都是通过对所得的数据在一定时段上进行各种傅里叶变换之后才得到的。而数字图像的真正瞬时数据在数据处理以前是什么也看不清楚的。这些都是工程技术反过来为理论科学提供的最可靠的感性材料。随着上一世纪中晚期在矢量算子和矢量空间，广义函数等数学领域的发展，对于局域和非局域分布也有了一套严格的数学方法，这些使得我们有了可以说清楚爱因斯坦时代所无法说清楚的许多物理概念的新方法。

爱因斯坦是 20 世纪物理界的第一人。他身处工业社会，却已经看到了工业社会赖以建立的物理框架已经动摇，一个与新的社会——信息社会相适应的物理世界的框架即将建立起来，而建立这个新的物理框架的首要任务就是要打破对牛顿理论所造成的僵化。而做到这一点必须要从打破牛顿僵化的机械的绝对时间-空间框架入手。现在这一切目标已经达到了："波"已经成为独立于"物质"的实体而存在，波与"物质"之间可以相互作用,相互转换。"物质"也不再是与运动无关的僵硬的"刚体",而是可以随运动而变化的,即不仅其质量还有其形状都可以随时间和空间而变化。这一切都是首先由爱因斯坦的指引才得到的。难道我们还能要求他更多吗?与亚里士多德一样,爱因斯坦也是一个充满灵感的人,我们没有兴趣在细节上过分苛求他,重要的是如何把他所想表达而当时的感性材料和数学方法都使它不可能表达清楚的那些物理概念和内容尽量表达清楚,如粒子与波、局域与非局域、速度与质量等等。

牛顿则是另一类人,他说过"我不诉诸假设"[4]。他的全部理论都是以实验事实为基础的,他对时间和空间的要求也只是永远相同和不动。这实际上只是把时间和空间作为所有物理学量度的基础而提出的一个自然的要求。本来他所研究的就是一种比较单纯的对象,所以造成时间-空间概念上的简单化也是自然的事,是与他所研究的"刚体"这类理想化的模型相一致的。牛顿的理论和概念本身谈不上有任何的"僵化",爱因斯坦明确指出的是上一世纪(19世纪)物理学家把牛顿的理论僵化了。科学需要像爱因斯坦那样的充满灵感的开创者,也需要像牛顿那样的用所有已有的感性材料严谨地建成一个扎扎实实的科学殿堂的建筑师。

本书的工作主要是把从爱因斯坦那里得到的逻辑结果来扩大牛顿理论的物理基础,即从单纯刚体的力与运动,扩大到实物与暗物的相互作用。实物就是牛顿的"物质",它是局域分布的;暗物是现在宇宙学中借用来的一个用语。这里的暗物是指在全空间分布的,即充满整个空间的有连续函数形式的那类"物"。它实在有点像亚里士多德所说的充满宇宙的以太,当然仅仅是相似而已。所以实物与暗物的物理世界就是研究对象扩大了的牛顿的自然哲学基础的数学原理。

急风狂飙起于青蘋之末。20 世纪初期出现在物理学上的风风雨雨,实际上在牛顿理论诞生的时刻就出现了:当两个金属小球碰撞在一起发出叮当响声的时候,当阵阵清风把平静水面吹起微微波浪的时候,当两股来自不同方向的水流汇合在一起卷起圈圈旋涡的时候,牛顿的理论就已经开始遇到麻烦了。在千千万万人成年累月接触到的工程技术问题中,同样存在几百万亿光年以外所发生的违背牛顿理论的物理运动过程。当然不是说我们不需要去研究那些在极端条件下发生的事件,这些事件的研究对于我们发现一些新现象是有很大的促进作用的,因为在那些特殊条件下往往能够发现一些日常生活中难以引起注意的东西。但是这一类特殊条件下发现的现象,由于测量的重复性和可靠性差,也常常带有不确定性。只有那些在技术实践中得到成年累月检验的现象才是最可靠的。**20 世纪的技术科学的发展实在是惊人的,在那里所蕴藏的极其丰富的感性材料应该成为建立科学理论的最好原料**。不要轻视技术科学在发展理论中的作用,当然技术科学本身也不要成为市场的奴隶。这是我国广大科学技术工作者的共同心愿。

§1.2 相对论与量子理论矛盾的实质——波粒二象性

科学发展到 19 世纪与 20 世纪之交的时候,大量物理学的新发现与牛顿所建立的经典概念发生了明显的矛盾,物理学晴朗天空出现了一片乌云。于是相对论和量子理论这两个 20 世纪最重要的科学理论出现了。但是 20 世纪所创立的这两个最重要的理论却存在着矛盾。其实很多人早已看出,相对论与量子力学之间所存在的不协调的主要原因就在于我们现在还没有关于"波粒二象性"的合理的物理图景和逻辑结构。由于条件限制,短时间内人们并不能完全认识波粒二象性。为了解决这一问题还必须先解决大量与此相关的更基本更单纯的一些理论问题。例如在波粒二象性中粒子性的物理图景和逻辑结构,在牛顿的经典数学和力学模型基础上,不但为人们所普遍接受,而且曾在一段相当长的历史时期内被看成是万物运动的普遍图景。波虽然是一种早就为人们所熟悉的自然现象,但是至今还没有对于波解释得完满的物理图景和数学逻辑方法。在经典物理学中,总是把波与振荡联系在一起,认为力学中的波是"导引波",即被介质导引着的振荡,因而是在牛顿力学框架内可以精确解决的问题[9]。电磁波虽然有些不同,但也总是被千方百计纳入牛顿的经典物理学的框架,这正是爱因斯坦所反对的。国内的一些学者,近年来从流体力学[10]、气体动力学[11]和宏观电磁场理论[6~8]这些传统的工程科学领域出发,深入研究了波理论,大量工作证明了所谓经典的力学波同样是牛顿的物理学框架所不能容纳的,而且在力学波中同样存在广义协变不变原理;并从波理论来探究相对论的物理实质,得到了许多颇有启发的结果。这对于理论的发展无疑是非常有意义的。因此我们认为抓住了波科学的研究就是抓住了打开深化理论的一把钥匙。因为只有在对于波和粒子都建立了比较完善的逻辑结构以后,才有可能建立把这两者结合起来的能描述波粒二象性的物理图景和数学规则的逻辑结构。从而为解决存在于相对论与量子力学的矛盾创造条件。

波理论的重要性实际上也是由爱因斯坦提示给我们的。在牛顿的时代,"物"的存在形式是单一的,这就是有质有形的"物质"。这里有质就是指有牛顿所定义的表征物质的最本质的量——质量;有形是指一定有一个欧氏空间中的某一特定的位置(点或局部区域)与之对应。这种物质观用最简洁的语言来说就是"粒子"。这样定义下的物质加上牛顿所描述的与任何外界无关、永远保持相同和不动的空间和永不停息均匀流逝的时间以及牛顿的力学三定律所规定的运动规律,再加上由万有引力定律所给出的"力"的本源,就构造出了整个宇宙的运动规律。现在我们把"物"与牛顿所定义的已经为人们所习惯地接受了的物质的概念区分开来。**也就是说"物"不仅是牛顿所定义的物质,还有另外一种形式——一种无质无形的物的存在形式。当然这里所说的无质无形并不表示虚无的不能精确描述的意思,而是不能用牛顿的理论结构来精确的进行描述:它没有牛顿所定义的那种质量,所以也不能用"力"使它加速;也不能在欧氏空间中找到它的运动轨迹。但是同样是一种可以精确描述的"物",只是描述它要用另外的数学方法。**这就是我们在现代电磁场理论中所力求做到的工作——在算子理论和函数空间中来精确描述它们的运动状态。这样一来,哲学意义上的物质,与经典物理学意义上的物质就不再是同一个内容了。书中我们常用创世纪中所用的名词"万物"来代替哲学意义上的物质。这只是因为很难找到其他更合适的新名词作为"物"的复数形式以表示物的多样性,而不是表示我们讨论的物理学与创世纪的哲学或信仰之间必定有某种联系。

在人类文明的早期,不同地区的人群都认为构成宇宙的万物是复杂的:亚里士多德把它分为重物、轻物和以太;在中国,人们认为组成宇宙万物的是金、木、水、火、土。这里,金、木、水和土是有质,有形的物质,火却是无质无形的。在西方也有关于燃素的学说,认为它也是构成万物的一种元素。随着现代科学的兴起,这些原始的观念很快被淘汰了。到19世纪,科学界公认万物就是牛顿所指的物质,那些无质无形的所谓元素只是物质运动过程中表现出来的一种伴随的现象。但是也有特殊的情况:那就是在创世纪中说的,在第一天,而且整整花了一天时间被创造出来的"光"。直到现在人们还是搞不清楚:光到底是不是与其他物质一样的物,或只是物质运动中所伴随的现象,抑或是一种与牛顿所定义的物质完全不同的另一类"物"。"光",这个在创世纪中作为万物之首创物,始终是一个人类所最熟悉的而又是最神秘之"物"。通过光我们见到世间万物,但对于它本身的奥秘,我们却怎么也无法穷其究竟。光的利用标志着人类文明的肇始,人类文明的每一个发展阶段差不多都与人类对光的认识和利用能力直接相联系,在不同的文明阶段都在不同的层面上发展出一整套关于光的理论。但是直到今天,光的运动形态和物理本质依然是困惑物理学家的最根本的科学问题之一。**可以说,对光的物理本质的探索和工程技术的应用是人类文明的永不衰竭的源泉**。爱因斯坦的一生就是探索光的本质的一生,他的主要研究工作都与光联系在一起,他宁愿把对于光的各种互相矛盾的观察材料放在一起让大家思考,并常用一些大家不易理解的有些神秘的话来描绘光,也不愿意给光一个清楚的但又极可能是僵化的图景。

§1.3　关于光本质的讨论

在科学发展的历史上,光的问题一直是与科学理论的本质联系在一起的争论不休的问题。在欧几里得的几何学的体系中,最主要的一个概念就是关于直线的概念:那就是以一束细的光作为直线的范例。现在我们知道与光属于同类物的电磁波束却完全不是直线传播,而是不断扩散,在空间连续分布,直至充满整个空间的。光也应该是这样。但是在另一方面,直到现在我们仍然找不到比光更恰当的作为直线的实际例子。在经典物理学的发展过程中关于光是粒子还是波的争论是一场最有意义的争论。经典数学和物理学的奠基人牛顿继承和发展了欧氏空间的数学框架,在中学和大学的教学中,我们都被告知牛顿是光的粒子说的代表人物。其实这样的说法过于简单,我们只能说在他的时代,他所创立的自然哲学体系中,只能包容有质量的、在空间占据有限的固定位置的物质——粒子。这也就是以后爱因斯坦的局域观的本质。

让我们看一看爱因斯坦关于光(波)的一段论述:"按照光的麦克斯韦理论(或者更一般地说,按照任何波动理论),从一个点光源发出的光能,是在一个不断增大的体积中连续地分布的。

"用连续空间函数来运算的光的波动理论,在描述纯粹的光学现象时,已被证明是十分卓越的,似乎很难用别的理论来代替。但不应忘记,光学观测都同时间平均值有关,而非同瞬时值有关,尽管衍射、反射、折射、色散等理论完全由实验所证实,但仍可以设想,当人们把用连续空间函数进行运算的光理论应用到光的产生和转化现象上,仍会导致与经验相矛盾。

"在我看来,关于黑体辐射、光致发光、紫外光产生的阴极射线,以及其他一些有关光的产生和转化现象的观察,如用光的能量在空间中不是连续分布这种假设来解释,似乎更好理解。按照我们的设想,从点光源发出来的光束能量在传播时不是分布在越来越大的空间中,而是由有限个数的、局限在空间各点的能量子所组成,这些能量子能够运动,但不能再分割,而只能整个地被吸收或产生出来。"

爱因斯坦由于他的局域观而被认为是光粒子说的代表人物,上一段话中他既说了光的波动性又说了它的粒子性,但是同样他既没有说光是粒子也没有说光是波。他对光(或波)的本质作了在当时条件下最深刻合理的描述。首先他指出了波是在不断增大的体积中连续分布的;其次指出了经典的光学实验都符合波的理论;最后他指出,对于光的另外一些现象(当光与其他物质相互作用时),用光是由有限个数的、局限在空间各点的能量子所组成的观点能合理地解释光的另外一些现象。爱因斯坦最终选择了光的粒子理论作为发展他理论的基础,在当时的历史条件下,这是理所当然的事,否则他就不是爱因斯坦,而是玻尔或其他人了。科学的发展需要从两个方面去冲破 19 世纪以来对牛顿理论的僵化观念,爱因斯坦就是从粒子性的方向上冲击僵化观念的代表。但是我们从爱因斯坦上面的一段话中,要特别注意下面两点:一是爱因斯坦在这里并没有把光与其他的波完全隔离开来,而是说"或者更一般地说,按照任何波动理论";二是他并没有仅仅提光子,而是提出"能量子"这个概念。这些极重要的论述以及他对于相对论所曾说过的"(它)肯定会让位给另外的理论",是否说明他已经提醒后人:波以及它所具有的能量子的特性,表明它是一种与牛顿的有质量的物质具有不同运动规律的物的另一种存在形式。在科学发展的历史中有一个非常有趣的现象:研究经典观念——应该是波(光)的人,首先发现了这个波的不连续现象,从而选择了"粒子性"作为深化牛顿理论的基础;而研究在经典情况下光是粒子(电子)的人,首先发现了这个粒子的空间连续性,发现了无法精确确定其空间的位置,从而以"波动性"作为深化牛顿理论的前提。它们之间的持续一个世纪的争论是科学发展史上最光辉的篇章,也是人类抽象思维发展的最艰辛的历程。而现在已经到了寻找波和能量子的存在形式和运动特性,从而把物质与波的两种运动形式统一起来的时候了。所谓统一起来并不是说,把量子力学中关于电子的波粒二象性,与爱因斯坦关于光的空间连续性和局域性都简单地统一到一个理论就可以了。爱因斯坦与玻尔等量子力学的创始人之间的哲学观念和逻辑结构的差别是如此之大,他们在谈论粒子和波的性质的时候观念是那样的不同,以至很难相信把这两种理论简单地融合在一起就可以获得对自然界的合理的解释。首先需要更深入理解爱因斯坦的光的"波粒二象性"和量子力学中电子的"波粒二象性"的真实含义。

自从相对论与量子理论出现以后,物理学打破了由牛顿力学一统天下的僵化,当然这是一个很大的发展,但是,取代它的则是充满逻辑混乱和相互矛盾的局面,这种混乱的局面绝不是通过从形式上把两者结合在一起就能够解决问题的。只有深刻理解哪些是这些理论的合理内核，哪些是应该摒弃的错误观念，只有在一个其物理基础比牛顿的自然哲学扩大了，且仍能保持哲学逻辑自洽性的自然哲学的数学原理下才能真正解决波粒二象性的问题。

§1.4 关于自然哲学的数学原理

数学是物理学的语言，但是这是一种非常令人畏惧的语言。库珀在他的《物理世界》[3]中十分重视数字在人类认识过程中的作用，"人们企图赋予数字许多神秘的性质，认为那些符号之间的关系，与现实世界中物体之间的关系是等同的，操纵了这些符号就能驾驭顽固的自然界。"实际上中国文化对于数字的依赖关系比任何西方文化都更为深重。相传伏羲演八卦，用现在的话来说，就是用三个叠在一起的阴（— —）阳（—）两个二进制符号来表示八个数，用这八个数来说明世界上万物变化的根源，以后它又发展成易经。把两个卦号叠在一起就成了 64 个二进制的符号。用数字来描述原始人类对自然界的观察，这大概就是人类文化发展的源头。在三千多年前，老子就认为"道"具有"有"和"无"两种性质，得出"天下万物生于有，有生于无"、"道生一，一生二，二生三，三生万物[12]"。这里"道"也可以表示对世界的认识，这说明人类认识过程的发展道路是非常艰辛的，而且这种认识过程与对数字的认识是不可分离地联系在一起的。正如库珀[3]所说，"**然而他们认为自然现象从根本上通过一些简单到惊人地步的规律相互联系着，并且这些规律性可以用数字之间的关系来加以描述，就这点来说，他们无疑是正确的。**"对于数字的敬畏确是一种自然而然的事。如果没有数字结构和演绎规则的不断发展，大概也不会有人类文明的发展，也就很难说得清楚人能比动物聪明多少。但是同样是数字，在西方，学者把数字与驾驭数字的逻辑规律结合在一起，发明了几何学、微积分，制造了各种机器、舰只和枪炮，而当这些机器、枪炮等来到东方古老中华国门的时候，我们的这 64 个数字却还在预卜着皇朝的兴衰、官场的凶吉和个人的财运。现在大家都已经习惯数字可以表示一切，只是需要一个可以将数字表示成一切的逻辑结构。**所以正确的逻辑结构才是决定一切的。**

以前总以为只有数学才是研究数字的。现在所有的知识，或所有的学科都可以用数字来表示，所不同的只是关于这些数字的逻辑结构不同而已。按照百科全书，数学是研究数和形的科学，这里的形实际上就是关于数的逻辑结构。所以数学与逻辑已经越来越紧密地结合在一起了，它只求与数字相关的逻辑结构的自洽性，而不必与人类的任何直接实践活动相联系。技术科学的数据来自实验测量或假设，而其演绎出来的逻辑结果更要受到实际的检验，所以它对于整个理论或逻辑结构的自洽性没有很严格的要求，当然每一步的逻辑演绎还需要服从公认的逻辑规则，但那些逻辑规则的通道不是完全贯通的，有些地方需要人为的经验把其连接起来，但是对其逻辑结果的严格的实践检验是它的最大优势。也就是说，它的理论不是严格的但终是最好的，当然这个最好不是永远的最好，而是当时的最好。那么物理学的特点是什么呢？**物理学，特别是理论物理学不同于技术科学，它主要不是直接应用于生产技术，而是为技术科学提供正确的逻辑结构的；但是它又不同于数学，它所提供的逻辑结构不仅是本身的自洽性，更重要的是要经受实践的检验。但是现在理论物理学所缺少的正是这些，即：既没有得到大量的人们的直接经验的检验，又没有像数学那样的自身逻辑的自洽性。这是 20 世纪物理学留下的一个最主要的问题。**

量子力学到现在还不是一个成熟的学科，因为直到现在还没有一个形式上的数理逻辑体系,而相对论则有一个现在应该抛弃的僵化的数理逻辑体系。有些人把这一点作为量子力学的特点和优点,"量子力学的主要问题是物理概念体系,而不是数学逻辑体系,……量子力学理论的另一个美妙之处还在于,这些新的观念用物理原理、概念和数学推理和定律来阐述,而不是用哲学语言来阐述。……"[13]这虽只是从一本书上摘抄下来的,但是,它实际上代表了量子力学界多数人或者是部分人的看法。但是,由一个物理概念和数学逻辑体系对立起来的、不能用哲学语言来表述的科学无论如何不能算是一个成熟的科学。所以爱因斯坦说"量子力学令人赞叹。但一个内在声音在告诉我们,这还不是真货色,这个理论有很大的贡献,但并不使我们更接近上帝的奥秘。无论如何,我相信他不是在掷骰子"[5]。爱因斯坦在批评量子力学的同时,他的相对论却在数理逻辑上表现出更大的混乱和矛盾,但是他把逻辑结构的选择当作一种自由,只要逻辑结果合理和有用就可以了。相对论和量子理论都一样,它们是特殊时代出现的理论,是为了打破 19 世纪以来物理学的僵化所用的特种的手段,因为不可能等新的数理逻辑建立起来了再去打破旧的逻辑框架,或者说,在旧的逻辑框架打破以前,新的逻辑框架是不可能建立起来的。

现在离开爱因斯坦建立相对论的时间快有一个世纪了。这一个世纪的发展超过了过去十几个世纪。我们不能总是停留在满足打破僵化的牛顿物理框架,而长期容忍一个没有自洽逻辑结构、充满矛盾的物理世界。公元前后的亚里士多德学派的代表人物像欧几里得、托勒密都是科学上的最杰出的精英,但是到 14 世纪的亚里士多德维护者就都成了科学发展的绊脚石;17 世纪前后与牛顿一起的经典物理学的创立者同样是科学的先驱,到 19 世纪坚持僵化牛顿框架的人同样无益于科学的发展。在前一个世纪相交的时候,相对论和量子理论是打破 19 世纪僵化的物理学框架的最重大的科学发展，**到这个世纪相交的时候，重建自然哲学的数理逻辑体系就成了物理学的最基本任务，这就是 20 世纪物理学留给我们的最大的问题。而这一任务能否完成主要得依靠 20 世纪飞速发展的技术实践给我们提供的大量的素材，而不是在当年为了打破 19 世纪僵化的物理学结构所建立的支离破碎的框架上寻找出路。**

科学像攀登山峰，也像建筑大厦。在有些人看起来，世界上曾有过的最高的人工建筑，并不是那个建筑本身，而总是那些安装在最高建筑的顶端所用的架子；每一个时期所攀登上的世界的最高峰也不是最高的，最高的是顶峰上所架起的登山者的那杆标志。但那些只是临时的。不能留恋在那个高峰上，更不能留恋在那些为攀登高峰而搭起的临时的框架上，在那里爬得再高些也只能得到暂时的满足。真正攀登科学高峰，当然需要先登上已有的顶峰，并仔细的向四周眺望，然后走下来，看清目标从新开始自己的路，哪怕这一辈子也没能攀上新的顶峰，总比留恋在那些已经完成了历史使命的框架上要好。

第二章　现代电磁场理论

　　把电磁场理论作为工程和技术科学到理论物理的切入点，一方面是由于理论上的需要：理论物理中的各种问题以至理论物理本身主要都是由电磁场理论的出现才引起的；另一方面也是由于我们首先是从电磁场理论这一窗口看理论物理的。电磁场理论一直是中国科学院电子学研究所的一个主要研究方向。在技术科学中，总是先找一个已有的模型来计算，结果与实际要求的差距总是相当大的。于是不停地改进一些经验数据，然后就改进模型。就这样，做的工作越多，发现的问题也越多。最后发现尽管麦克斯韦的电磁场理论诞生已经一百三十多年了，作为工程计算用的麦克斯韦方程组也已经有一个多世纪的历史了，但是并没有求解这一方程组的解析方法。这也许就是爱因斯坦所说的 19 世纪的物理学家力求把刚刚取得全面胜利的麦克斯韦理论纳入牛顿的经典理论框架所做的努力，看来这一努力并没有取得成功，也是不可能取得成功的。

　　这样就逐渐进入对麦克斯韦理论本身的研究，开始注意麦克斯韦是如何通过电磁现象与流体力学类比，把经典电磁学中的一些孤立的实验定律发展成系统的电磁场理论的。一个半世纪以前，电磁学还只是一些孤立的实验现象的时候，力学已经发展成一门相当完善的学科，麦克斯韦正是从力学的关于力线、通量以及关于"机械波"理论中得到启示，建立了电磁场理论[14]。当我们进一步研究电磁场理论，尽力从现代物理概念和相应的现代数学方法中吸取营养来完善宏观电磁场理论的时候，特别注意到现代物理学理论对经典物理的评价：经典物理学只是一种唯象理论，所有关于宏观世界的物理学理论都只是量子理论的一种近似形式。特别是关于机械波,它只是一种"导引波",与现代物理中光波那样的物质波有本质的区别[9]。所以在电磁场理论的研究中要特别关注电磁场理论中由于力学波类比所带来的经典物理概念和经典数学的局限性[6]。在此基础上建立了矢量偏微分算子和矢量波函数空间的数学理论[7],并进一步用"波"的概念来代替"场"的概念,作为基本的物理量,建立了数学上自洽的电磁波基本方程组[8]。在这一过程中,**现代物理学中关于光量子及其态函数的概念和波函数空间数学方法对于经典场论的发展和完善起到了根本性的作用,没有这些新的物理概念和数学方法,就不可能把麦克斯韦方程组从经典场论的各种不严格规范变换下的近似形式变换为能够把旋量场与无旋场完全分离的,对于纯旋量场(即波)的数学上自洽的电磁波基本方程组**。也许这一理论就是在前面提到的爱因斯坦所说的描述衍射、反射、折射、色散等纯粹的光学现象的理论。当然当时爱因斯坦大概还没有想到麦克斯韦理论在数学细节上还需要作这些改进。

在对经典电磁场理论的研究中,逐步体会到所谓宏观的、微观的和宇观的理论之间并没有某些现代物理学著作中所描述的那样严格的界线。**在寻求物理学的基本概念和逻辑结构上,宏观、微观和宇观的世界实际上是相通的**。长期以来与工程科学相联系的一些学科领域被认为是与人们直接经验相联系的宏观理论,而现代物理学是研究微观或宇观世界的科学,并把宏观理论看成不是微观就是宇观理论的近似形式。因而工程科学也就被认为只是现代物理学在宏观条件下的近似形式。这种说法当然有一定道理,但是它仅仅只说明宏观理论在历史发展过程中所经历的一种状态。**宏观理论的近似性并不是与宏观理论相联系的那些科学领域的物理现象本身或者工程科学对那些物理现象的理论需求所决定的;恰恰相反,近年来,大量研究发现在传**

统的宏观物理学的领域内,存在着与量子理论和相对论的物理概念和数学方法相通的问题。这些研究结果似乎告诉人们:从物质多样性和相互作用的观念来看,尽管宏观、微观和宇观有各自特殊关心的问题,但更有共同的物理本质问题。

§2.1　电磁场的算子理论和电磁场基本方程组[6~8]

现在通用的麦克斯韦方程组是赫兹等人在麦克斯韦死后十多年才总结出来的,一直为经典电磁场理论沿用到今天,为了方便起见,这里只写出简谐振荡下的结果,并令时间变化为 $e^{-i\omega t}$。

$$\boldsymbol{\nabla} \times \boldsymbol{E} = i\omega\mu_0 \boldsymbol{H} \qquad (2.1)$$

$$\boldsymbol{\nabla} \times \boldsymbol{H} = \boldsymbol{J} - i\omega\varepsilon_0 \boldsymbol{E} \qquad (2.2)$$

$$\boldsymbol{\nabla} \cdot \boldsymbol{E} = \rho/\varepsilon_0 \qquad (2.3)$$

$$\boldsymbol{\nabla} \cdot \boldsymbol{H} = 0 \qquad (2.4)$$

这样一组矢量偏微分方程组经过一个多世纪电磁场理论科学家的努力,也只能得到一些工程应用的近似解,而始终无法得到数学逻辑严格的解析解。看一看美国工程科学院院士、著名华裔学者戴振铎教授和他合作者一辈子的工作,可以清楚地看到这一点[15~18]。他致力于麦克斯韦方程组的解析理论,开始接近了目的,但是受到经典理论学者的批评,因为从牛顿经典数学的观点来看他的解不完备。为了使他所得到的解能够在牛顿的数学框架下具有"完备性",他又做了很多工作,其结果变得越来越复杂,在"奇点"的处理上再也绕不出来,得到的只是一些既无法实际应用,逻辑上也不太合理的结果。最后他认为矢量偏微分运算符实际上是凑出来的,还缺乏严格的数学理论基础,在80高龄的时候还出版了关于矢量和并矢运算符的学术著作。实际上所有这些问题在牛顿数学的框架下是解决不了的。

解决电磁场问题的难点在于它是一个矢量偏微分方程组，现有的数学只能解决标量算子的问题。整个经典电磁场理论实际上只是关于标量波动方程问题的求解方法。而为了解决从矢量波动方程到标量波动方程的变换，就需要另一种数学。这就是矢量偏微分算子和矢量函数空间的理论。三维空间内一个任意完备的矢量函数在欧氏空间内通常分离为

$$\boldsymbol{F} = \hat{x}\boldsymbol{F}_x + \hat{y}\boldsymbol{F}_y + \hat{z}\boldsymbol{F}_z \tag{2.5}$$

而在矢量偏微分算子空间内则分离为

$$\boldsymbol{F} = \boldsymbol{F}_r + \boldsymbol{F}_l = \boldsymbol{\nabla}\times(\varphi_m\hat{z}) + \frac{1}{k}\,\boldsymbol{\nabla}\times\boldsymbol{\nabla}\times(\varphi_n\hat{z}) + \boldsymbol{\nabla}\varphi_l$$

$$\tag{2.6}$$

麦克斯韦方程组就是以场的散度和旋度运算来表示的方程组，而不是用场的笛卡儿坐标方向的偏微分方程组来表示的。当然矢量偏微分运算也要转换为对三个坐标方向的偏微分来表示，但是经这样的变换后不能得到对于三个方向分离的偏微分方程组，因而也是无法求解的。经典场论所得到的对于直角坐标方向场分量可以分离的偏微分方程组是在近似条件下获得的。虽然在工程上，由于绝大部分信息工程最终应用的是单一模式的波，而经典场论中有用的结果也是在实践中反复筛选出来的，所以经典场论的结果一般都能相当好地满足工程要求，但是从物理上来说，总是得不到合理的结果。

应用矢量偏微分算子理论我们把场分离为两类不同形式的相互正交的场：旋量场和无旋场，即（2.6）式中的 $\boldsymbol{F}_r$ 和 $\boldsymbol{F}_l$。$\boldsymbol{F}_l$ 为无旋场，它实际上只是一个标量函数即态函数 φ_l，矢量场只是一种形式，以后我们在深入讨论牛顿理论的局限性时，还会看到牛顿物理框架下的力实际上也只是由一个无旋场标量函数组成

的系统。F_r 是旋量场,它是"二维"的,即有两个独立的标量函数或称模式 φ_m 和 φ_n 所组成。这样的两个独立的模式 φ_m 和 φ_n,在牛顿的经典数学框架下是无法精确表示出来的。与旋量场有关的问题在经典数学的框架下只能作近似的分析和求解,因为近似处理后的结果已经既不是纯的牛顿力学框架的,也不是波函数空间数学框架下的物理量了,近似处理只是适用具体的工程问题的一种方法。正因为它们在工程问题上的实用性,表明了它蕴含着内在的合理性,但是也因为它没有严格的数理逻辑基础,所以也限制了它的应用范围。

经典理论下用矢量位 A 和标量位 φ 作为中间变量,经过洛伦兹规范的近似和一些矢量运算规则的变换后,得到的是四个独立的标量亥姆霍兹方程组

$$
\begin{cases}
\boldsymbol{\nabla}^2 \boldsymbol{A} + k^2 \boldsymbol{A} = -\mu_0 \boldsymbol{J} \\
\boldsymbol{\nabla}^2 \varphi + k^2 \varphi = -\rho/\varepsilon_0
\end{cases}
\tag{2.7}
$$

还有一组辅助方程来表示中间变量与场量的关系

$$
\boldsymbol{E} = \mathrm{i}\omega\left(\boldsymbol{A} + \frac{1}{k^2}\boldsymbol{\nabla}\boldsymbol{\nabla}\cdot\boldsymbol{A}\right)
\tag{2.8}
$$

矢量偏微分算子空间理论下得到如下的电磁波基本方程组

$$
\begin{cases}
\boldsymbol{\nabla}^2 \varphi_m + k^2 \varphi_m = -\rho_m \\
\boldsymbol{\nabla}^2 \varphi_n + k^2 \varphi_n = -\rho_n
\end{cases} \quad \text{在域 } v \text{ 内} \\
\hat{n} \times \left\{ \boldsymbol{\nabla} \times \varphi_m \hat{z} + \frac{1}{k}\boldsymbol{\nabla} \times \boldsymbol{\nabla} \times \varphi_m \hat{z} \right\} = 0 \quad \text{在边界 } \boldsymbol{S}_d \text{ 上}
\tag{2.9}
$$

同样有一组辅助方程来表示变量之间的关系

$$\begin{cases} \rho_m = \mathrm{i}\omega\mu_0\hat{z}\cdot\boldsymbol{\nabla}\times\boldsymbol{J} \\ \rho_n = \mathrm{i}\omega\mu_0\hat{z}\cdot\dfrac{1}{k}\boldsymbol{\nabla}\times\boldsymbol{\nabla}\times\boldsymbol{J} \end{cases} \quad 源函数的变换$$

$$\boldsymbol{E}_r = \hat{n}\times\left\{\boldsymbol{\nabla}\times\varphi_m\hat{z}+\dfrac{1}{k}\boldsymbol{\nabla}\times\boldsymbol{\nabla}\times\varphi_m\hat{z}\right\}=0 \quad 场函数的反变换$$

$$(2.10)$$

比较这两个方程组可以看出,麦克斯韦方场组实际上表示的是牛顿力学中的实体物质($\boldsymbol{J}$ 和 ρ)与场($\boldsymbol{E}$ 和 $\boldsymbol{H}$)之间的相互作用关系。实体物质是局域的,场是空间连续分布的,即非局域的。在经典理论所用的方法是把场函数进行变换,变换为满足牛顿力学框架的经典函数。而算子理论正好相反,它把经典的局域函数的源函数变换为矢量场空间内的连续矢量函数。

这两种不同的变换有下面的差别:

(1)矢量偏微分算子理论中,由于旋量场和无旋场的正交性,实际上电磁波的方程组只对旋量场。麦克斯韦方程组中(2.3)式所表示的无旋场依然存在,只是被分离出去了(先不在这里讨论)。而经典场论中的场是指三维欧氏空间中的任意矢量场,这样就很难处理无旋场的问题。当然在实际工程中,凡是搞电子学的人,都依然用(2.3)式来处理空间电荷场,而研究纯电磁场理论的人对于这类问题往往说不清楚。

(2)矢量偏微分算子理论下的电磁波基本方程组是一个数学上自洽的方程组,在确定的齐次边界条件下可以得到解析解和一致收敛的数值解。经典理论下的结果虽然对函数进行了变量的分离,但方程数与变量数依然不一致,仍不自洽,而且边界条件很难表示。所以这类方程在经典场论中只是在讲理论时用一下,真正进行工程计算时,极少应用。真正应用的只是根据各种实际情况的经验方法。

(3)矢量偏微分算子理论把经典的源函数转换为算子空间

上的广义函数,这以严格的数学理论[19,20]为基础,运算过程能够严格解析;而经典理论把空间连续的场函数变换为欧氏空间内的经典函数,这是没有数学理论作为依据的,只能进行各种近似处理。而近似处理最容易出问题的地方就是对奇点的处理。这个问题在广义函数理论中已经得到解决,但是在爱因斯坦创建相对论的时候,还没有这些数学理论。**奇点成为最难处理的问题,也成为物理学家最有权可以随意地加以处理的地方,它是造成各种各样的莫名其妙结果的原因。**

总之,电磁场算子理论与经典场论的差别主要是物质观上的差别,经典场论力图把麦克斯韦理论纳入牛顿理论的框架,把电磁波也看作与牛顿的有质物质具有同样性质的物质,可以在欧氏空间上采用处理局域分布的实体物质的方法来处理。而电磁场的算子理论则把电磁波看成是与牛顿物质具有完全不同性质的另一类物质。这种物质是在全空间连续分布的,因而必须用另一种数学形式来描述的物质,以后我们把它称为暗物。**麦克斯韦方程组所描述的实际上是这两类物质之间的相互作用过程。以后我们会看到麦克斯韦方程组实际上只是描述粒子与波的相互作用过程的一部分,另一部分就是描述电子运动的牛顿方程组,只有这两个方程组合在一起才能描述完整的相互作用过程。但是这两个方程组的所要描述的物理对象是两类不同性质的物质,都需要在与各自数学性质相应的"空间"内运算。当然这个所谓"空间"不是几何空间,它只反映场与波的不同的数学性质而没有几何空间的任何属性。**而场与波(或者暗物)是比牛顿定义的有质物质深层次的物质形式,一般说来对于深层次物质及其运动形式的描述应该比前一个层次的物质形式的描述有更宽的包容性,所以场的数学描述形式可以包容局域粒子的数学描述形式,而局域物质的描述形式就不能精确描述场的形式。用场与波的全空间连续分布的方式可以很好地描述局域物质的存在和运动形式而不产生任何奇点，而采用粒子模型则必然要产生奇点。从对电磁场的这一描述中也可以看出现代物理中由奇点所演变出来的五花八门的宇宙演化很可能是由于采用同样的数学方法处理不当造成的。由于电磁场算子理论所具有的物理特性，我们以后就把这种电磁场理论称为现代电磁场理论，以表示它既是宏观的又是符合现代物理原理和现代数学的逻辑框架的。

我们相信矢量偏微分算子和电磁场基本方程组不论是在理论上还是在工程应用上都有重大的价值。在工程应用上，经典场论经过一百多年的积累，已经有了大量的工程实用方法，特别是产生了能处理很大工作量的各种软件。所以要推广矢量偏微分算子和电磁场基本方程组主要要克服的并不是面临的主要问题不是说理论和方法的问题，而是要克服近百年在电磁理论相关的工程分支领域的巨大的积累，这像已经堆成的一座大山，一时难以逾越。但是随着科技的进一步发展，为了从电磁波中获取更多的信息，新的理论和方法总有一天会被应用的，在理论上它的作用一定会发挥得更快些，因为创新是理论科学本身的特点，追求自洽的逻辑体系永远是理论科学的首要目标。19世纪僵化的物理世界的理论体系就是随着电磁波的发展而受到冲击，到最后被冲破的，但是新的理论体系实际上还并没有建立起来。现在有的只是一个支离破碎相互矛盾的理论体系，它也必然会在电磁场理论体系的完善过程中吸取最丰富的养分来加快自己的发展。我总觉得现代物理理论存在的很大的问题是，一方面它的概念和方法与电磁场理论有那么密切的关系，而另一方面他们对于电磁场与电磁波的真正理解总是一直停留在爱因斯坦的青年时代。爱因斯坦说过："我在16岁时就想到一个佯谬。经过10年沉思之后得到这样一个原理——如果我以光速 c 追随一条光线运动，那么我应看到，这条光线好像一个在空间振荡着而不前进的电磁波,可是无论依据经验还是按照麦克斯韦方程似乎都看不出会有这样的事情发生。"[5]

如果爱因斯坦承认有平面波存在,如果他能骑在波峰上以波速前进,为什么他看到的不是一个随空间起伏着而不随时间变化的振荡呢?如果不承认有平面波存在,又哪里来的不变的波速呢?爱因斯坦的时代并没有真正搞清楚关于波的一些严格的数学物理性质。这大概也是爱因斯坦最后选择光的粒子模型的原因。那个时代的物理学家几乎都把平面波当作波的一般模型,进一步把波简化为一维的形式,并在此基础上来发展现代物理理论。但是实际上除了在某些极特殊的封闭域内的理想条件下,在任何开放空间上,不论平面波还是球面波都是不存在的。

§2.2 为什么不能把波理论纳入经典理论的框架

牛顿的物理框架是以运动和力为基础的,而牛顿框架内所能包含的力只有万有引力,而万有引力是无旋的。牛顿的《自然哲学的数学原理》实际上就是无旋场子空间框架内自洽的数学原理。当然这一无旋场不是由电子电荷产生的无旋场而是由电中性粒子的质量产生的引力场的无旋场。一离开了这个子空间,它的数学就不再自洽了。这就是为什么在文献[8]中我们一再强调安培虽然做了大量的电流元之间的作用力的实验,但是他所推导的安培定律却是错的,因为他用的是牛顿的数学。对经典物理学的突破实际上从旋度运算符的引入就开始了。牛顿的整个物理定律的适用范围严格地说就是在无旋场子空间的框架内,即牛顿的能量守恒、质量守恒、电荷守恒等等都是在无旋场子空间内才满足的。一出现了波,这些守恒定律就不再严格满足了。只有在把波也考虑成与牛顿的物质具有同样的动量和能量的另一类物质,考虑了波的能量和动量后才能建立起包含波的整个系统的守恒定律。

经典场论的很多著作实际上把关于无旋场的高斯方程从麦克斯韦方程组中去掉了,如洛伦兹规范下的电磁场方程组实际上就没有高斯方程了,代之以关于标量位 φ 的波方程。很多研究和应用电磁场理论的人把高斯方程看作是静态方程,即只对时间不变的静电场才适用。文献[17]还明确提出可以不把高斯方程作为麦克斯韦方程组中的独立方程,而把连续性方程

$$\mathbf{\nabla} \cdot J = -\frac{\partial \rho}{\partial t} \tag{2.11}$$

与(2.1)式和(2.2)式作为三个独立方程,认为(2.3)式和(2.4)式是不独立的,可以从连续性方程中推导出来。这当然是本末倒置了。实际上麦克斯韦方程组包含了两类子空间的本征特性以及它们之间的相互作用。(2.4)式只是说明没有磁的无旋场,而(2.3)式却表达了电的无旋场的特性。我们也可以在矢量偏微分算子空间内把无旋场方程表示为

$$\mathbf{\nabla}^2 \varphi_l = -\frac{\rho}{\varepsilon_0} \tag{2.12}$$

同样,其电场可以从波函数空间逆变换到欧氏空间

$$\mathbf{E}_l = -\mathbf{\nabla}\varphi_l \tag{2.13}$$

无旋场子空间的特点是偏微分方程中表示振荡频率 $k=0$。但这并不是说场函数或源函数不能随时间而变。只要是一个真实的物理量,它在运动过程中不可能永远保持不变。只是这类场是一个保守场,在运动过程中不会引起像旋量场那样的振荡。现在我们可以看到电荷连续性原理实际上是对无旋场子空间的,即(2.11)式实际上是

$$\mathbf{\nabla} \cdot \mathbf{J}_l = -\frac{\partial \rho}{\partial t} \tag{2.14}$$

虽然由于旋量场的散度为零,只要上式满足了,式(2.12)也

自动满足。但是如果我们要从(2.12)式来求电流则只能求出电流的无旋分量,而不是全部电流,只有加上电流的旋量部分才是真正的全电流。同样能量守恒、动量守恒等也必须加上电磁波的能量和动量才能真正的守恒。可是电磁波有与牛顿的经典物质完全不同的运动形式,它们的能量和动量与牛顿实体物质的能量和动量也有完全不同的形式。怎样进行比较,以及在比较过程中能不能定义以及如何定义与实体物质相应的速度、质量等等的物理量,这些定义出来的物理量还有没有牛顿所定义时的那些物理内容,这些都是需要研究的相当复杂的问题。

搞清波理论是搞清楚现代物理各种理论的一个重要的基础。因为爱因斯坦在批判牛顿理论的僵化的时候,把注意力都放在牛顿理论中时间和空间的分离性上了,在他用光速 c 把时间和空间联系成一个整体以后,特别是在这样的联系产生了巨大的作用以后,就没有找到造成牛顿理论框架僵化的真正的物理上的原因。当然这完全不能怪爱因斯坦,而只能怪爱因斯坦所处的时代。在那个时代还不存在那种可能性。但是电磁场确确实实在我们面前呈现出一种完全不同于牛顿物质的性质,几乎所有定义牛顿物质的那些物理量,如质量、速度、加速度、力、动量以及轨迹等等,一下子都失去了物理上的实在性。爱因斯坦所批评的**19世纪物理学家想把麦克斯韦理论纳入牛顿理论的框架**,这是完全正确的,但是在那个时代他确实也无法知道这两个物理世界框架的真正的差别到底是什么。这样一个在空间连续分布的,时间和空间上不可分割地联系在一起的"波"的物质存在和运动形式,几乎使整个 20 世纪的科学界陷入迷茫之中。选择了波动性为理论基础的量子物理学家,陷于测不准和概率波的迷雾之中,而爱因斯坦选择了粒子模型,同样也不可避免的陷于迷茫之中。对于他来说最大的迷雾就是一个速度不变的粒子到底在物理上意味着什么?速度不变必然引起没有加速度,也就没有惯性质量,也就没有力、动量这样一些物理量存在的物理基础。值得庆幸的是,在这样的迷雾之下,不论相对论还是量子理论(尽管他们之间有数不清的争论),都引领着科学的航船以更快的速度破浪前进。20 世纪的工程和技术科学的巨大发展大都是在这两个理论的指引下取得的。也正因为这样才使得我们现在有可能来讨论如何能把这两种理论结合起来和寻找新理论框架的问题。而且也把传统意义上工程和技术科学从牛顿理论框架下的经典物理世界改造成了宏观的但不是经典的物理世界,这一物理世界应该与微观世界和宇观世界有共同的数理逻辑基础,而且也可以成为探索遥远的未知领域与人类的工程技术和生产活动之间的结合点。

§2.3 波函数空间理论的数理逻辑和实践基础

在牛顿的时代,机械波与振动联系在一起,现代物理科学家把它称为"导引波"。意思是这些"波"只是被媒质导引着的振动。而最简单的振动,如单摆的振动又是牛顿力学框架内的一种运动现象。所以没有人怀疑牛顿的力学和欧氏空间上的经典数学对波的适用性。直到量子理论出现以后,才出现了一种与牛顿的经典数学所不能包容的数学方法,这就是关于算符、波函数空间和在波函数空间上表达物理量形式的一整套新的数学方法。这一套数学逻辑实际上在 20 世纪初就已经由希尔伯特创立了,但是要把纯数学的概念变成有实在物理内容的数理逻辑方法,还有一段很长的路要走。数学家胥鸣伟教授认为"现代数学就是研究世界观的科学"。

这也就是说自然科学的哲学逻辑是需要用数学的语言来表达的。但是光有语言也不一定能表达出正确的思想。促进这两者的结合在发展现代科学中是必不可少的。实际上在很长一段时间内,数学上的抽象空间的现代分析理论与量子力学的数学方法是并行地发展的。因而在量子力学的发展中还没有用上函数空间理论的严密的数学逻辑结构,因而造成哲学逻辑上的不完善性。这既与物理本身的发展——即对物理现象本质的认识有关,也与数学本身的发展有关。为了建立波科学的数学逻辑结构,除了函数空间理论,还需要其他一些知识,特别是广义函数的和矢量函数空间的理论,这些数学都是在上一世纪的中期才发展成熟起来的。

在电磁场算子理论的研究中,我们把广义函数和矢量偏微分算子与量子力学的波函数空间的数学理论结合起来,才把代表电磁波的旋量场与代表空间电荷力(类似于库仑力)的无旋场严格分离开来,只有这样才能得到对于电磁波的自洽的数学逻辑结构。对于算子理论或矢量波函数空间理论的物理内容要有一个清楚的认识:**这些所谓空间,实际上只是一种数学方法,它与物理上的几何空间并没有直接关系**。在矢量偏微分算子空间理论中,它的物理空间是在本征函数系中所给定的,依然是三维矢量的欧氏空间。矢量波函数空间与三维的欧氏矢量函数空间的差别仅仅在于:欧氏空间只适合于描述时间连续,而空间不连续的那些物理量;而函数空间则是用来描述时间和空间都是连续函数的物理量。在矢量波函数空间中,所有的三维物理矢量不再直接用欧氏空间中的元素(几何点)来表示,而是通过矢量波函数来表示,而每一个矢量波函数依然保持三维的欧氏空间的形式。矢量波函数理论中对于时间的处理与欧氏空间不同,它不是直接从每一瞬间来处理波的运动过程,而是把时间域变换为频率域,在每一个频率点上来处理波运动,然后通过各种形式的傅里叶变换,再得到每一瞬时的时间平均的结果。在物理上说,这些物理量在每一个欧氏空间的确定点上的值本身并没有明确的物理内容,同样在每一个瞬时的直接的物理量的测量(或计算)值也没有明确的物理内容,只有把时间和空间联系在一起才能得到有意义的物理图景。**在牛顿的数理逻辑框架中，每一个欧氏空间点上或某一个局域内都能找到代表粒子的物理量或代表物质密度的分布，如质量密度或电荷密度。这个物理量只分布在特定空间范围内，有直接的明确的物理内容，在运动过程中这些量保持特定的守恒规律。同时这种模型自然造成了物质在空间的不连续性。矢量波函数空间中的物理量在空间是连续的，而它在欧氏空间的特定的点上的值不满足任何的守恒规律，不代表任何真实的物理量。**也许有人会说，难道电磁场不是真实的物理量吗？我们说电磁场是真实的物理量，但是它每一瞬时在欧氏空间的每个点上的值，没有确定的物理内容。这就是量子力学中所谓"测不准原理"的实在内容。

与波相联系的物理量并不是测不准的，只是它在欧氏空间的尺度中是测不准的，而在波函数空间的尺度上是可以测得准的。那些在矢量波函数空间尺度上测量的物理量同样是实实在在的物理量。欧氏空间中的测量的物理量是对每一瞬时测量的物理量，而矢量波函数空间上测量的物理量是时间平均的测量。它们之间不能直接用严格的数学运算进行转换，因为不同空间有不同的尺度和运算规则，但是通过某些逻辑规则，如物理学上更普遍的能量守恒、动量守恒特别是通过时间和空间关系等，仍可进行逻辑转换，但是这种转换不是纯数学形式上的转换，而是在相互作用过程中的逻辑转换。

当我们说牛顿的自然哲学的数学逻辑是怎样符合人们的直观经验的时候，我们不要忘记一个更基本的事实：人们并不是生来就有关于牛顿数理逻辑的直观经验，恰恰相反，在古希腊的时候亚里士多德的宇宙模型是最符合当时人们的直观经验的。亚里士多德把他的宇宙框架的一些基本模型都称之为公理，意思就是处处可以观察到的，公认的看法和观点。是工业革命以来的社会实践使牛顿的理论变成了处处都可以观察到的公认的看法和观点。可见人们的直观经验和观察结果都是有一定的历史背景的。人们的直接观察是很容易被欺骗的,哪些当时已被"公认"了的观点也往往不一定是真实的。**要使从波运动所得到的数理逻辑结果变为人们的直观经验,实际上并不是一件困难的事。因为信息社会的大量实践已经为我们提供了最好的感性材料,这些感性材料已经足以使人们的直接经验从工业社会下的牛顿的认识方法转化为信息社会的认识方法。**

人们的直接经验来自观察和测量,而测量离不开量度。只有准确地定义了量度,才能够把观察和测量的结果精确地记录下来,并可以不断地进行重复。因而物理科学的数理逻辑上的"量度"是直接与人们的实践活动联系在一起的。**波函数空间下的量度实际上就是波函数空间尺度下测量,所以它的客观实在性最充分地反映在计量科学的发展上。**例如,以前用原器作为长度的计量标准,虽然它很直观,但是,要受物理环境的影响,精度差。现在国际的长度计量标准改为通过特定条件下的激光或微波的频率和波长来定义[21],直观性差了,但是精度却大大提高了。**现在几乎所有国际计量标准都从基于欧氏空间概念的牛顿力学的经典测量(瞬时测量),改为基于波函数空间概念的电磁量测量(时间平均测量)了。**

计量的精确性不仅取决于量度概念本身,还决定于由这一量度的数学特性所决定的测量方法。在牛顿物理学的框架下,除了时间这个量本身外,其他物理量的测量一般都是与时间无关的,可以在任何一个瞬时来测量物质的空间位置或其他与空间位置有关的量,这也是牛顿时空框架的特点。**但是,随着信息科学特别是信号处理技术的发展,这种瞬时值的测量方法正在让位给平均值的测量法。**在每一瞬时对空间位置或空间位置上的物理量进行测量,这是人类文明以来一直应用的方法,如果不是信息科学和信号处理技术的发展,我想任何人也不可能想到,时间与空间的不可分割的关系，使得物理量在瞬时的图景也能够通过时间平均的方法来测量，而且，这种时间平均的测量方法比直接"瞬时"值的测量方法要精确得多。这也正是爱因斯坦所没有想到的。在爱因斯坦的心目中，光速的测量应该测量光的瞬时值的传递速度，这就是直到20世纪中期还有人在进行的"直接测量法"。它的测量非常复杂，相对误差最小为 10^{-6}，现在用的是"时间平均"的方法，即测量频率和波长，相对误差达到了 10^{-9}，精度提高了几百到上千倍。其实不止是光速，现在每一瞬时的任何物理量用"时间平均"的方法测量的结果都比欧氏空间下的直接测量法精确得多。现在差不多一个普通的图像处理的科技人员都能够用基于"时间平均"的各种快速数字变换方法来获取"瞬时"的数字图像，这一数字图像比直接获得的瞬时图像要清晰得多。用时间平均的测量方法比直接用瞬时测量方法要精确得多，是信息技术中的某些特有现象还是自然界的一种普遍现象？回答时肯定的，这是自然界的一个普遍现象。人类的直接经验就是这样自然而然地发展着，现在我们觉得用时间平均的测量来代替瞬时的测量是一个认识方法和思维概念的并不容易的发展。对信息时代成长起来的一代来说，难以理解的不是用时间平均的测量来取代瞬时的测量，而是我们这一代人怎么会不理解这一点，在一个瞬时怎么能测量得精确呢？当然精确的测量必然是时间平均的。任何人类的观察，都是在时间过程中进行的，绝对瞬时的测量是没有的。除非又回到亚里士多德的时代，那时空间与时间被看成是没有任何联系的，任何测量都是不随时间而变的。其实我们现在也应该知道所谓瞬时的测量实际上也只是某一时间段测量的平均（或某种自然的加权平均），人的眼睛和大脑实际上就在不断地做着这种对于所获取的光信息的时间平均工作。当然人的眼睛和大脑只能对光信息进行基于本能的处理，而现代信号分析技术则可以对各种波信息进行更精确的信号处理工作。再伟大的天才，也受历史条件的限制，天才人物与一般人的差别在于他们的灵感。在20世纪初，电磁场还刚刚被发现的时候，爱因斯坦就预感到了它对物理学发展的意义，预感到了麦克斯韦理论即将全面的胜利，而这种胜利预示着即将冲破19世纪以来对牛顿物理框架的僵化观念。但是在具体的问题上爱因斯坦与亚里士多德和牛顿一样，总是也无法摆脱历史的束缚。

现在不仅是麦克斯韦理论取得了全面的胜利，信息科学技术以及由此所产生的应用成果，技术手段，科学原理以及数理逻辑和相应的哲学观念对于牛顿的工业时代都取得全面胜利。但是，这一发展来得实在太迅猛了。牛顿的《自然哲学的数学原理》，占据了所有大学的讲台三百多年，现在信息科学的最大成就还是最近二三十多年才取得的。**信息科学所产生的应用成果最快地通过市场被人们所普遍接受，其技术手段也为越来越多的技术人员所掌握，但是其中的数理逻辑，特别是与其相应的哲学观念要为人们所接受还需相当长的时间。到现在为止，大学本科的教育基本上都是工业革命时代的牛顿的数学物理学的框架。在研究生的教育中才有一些不系统的，没有哲学逻辑的相互矛盾的新理论——相对论和量子理论及相关的不成系统的数学。但是信息革命的全面胜利已经成为不可改变的事实，因而相应的数理逻辑和哲学观念必定也会随着人们生活的改变而发生改变。像计量标准、测量方法一样，波函数空间的抽象数学概念也会慢慢被更多的人所真正理解，而慢慢地不抽象了，不仅有了物理内容而且也已经紧密地与人类的生产和生活联系在一起了。**这样所谓人类的直接经验也会在某一天从工业革命时代的经验变为信息社会的经验。在这个基础上很多现在还说不清楚，想不清楚的问题才有可能逐步地得到解决。

§2.4 关于光速、光速的测量和超光速问题

速度是所有物理量中最为常用同时又是最为复杂的一个量。说它最为常用是因为它只是空间和时间的比值。而时间和空间是所有物理运动过程都离不开的最基本的物理量,所有的运动形式既然都离不开时间和空间,也就都会有反映时间空间比值的量。说它最复杂是因为时间和空间本身就是最不容易说清楚的。特别是相对论时空观出现之后,时间、空间和速度更成为既神秘又混乱的一堆概念。完全不同的物理内容与哲学逻辑都搅和在一起,都用一个同样的名词速度来表示。同一个速度,它们的物理内容的差别可以非常之大。

先看牛顿的速度,它是一个对应于每一个粒子运动轨迹上的点的矢量

$$v(r,t)=\frac{\mathrm{d}r}{\mathrm{d}t} \tag{2.15}$$

这里的两个 r,概念就已经不同了:作为自变量的 r 是空间尺度的一种表示,而作为函数的 r,是一个物理量,表示某个粒子所占据的空间位置,它的主体是那个作为物理量的粒子。这里粒子占据的空间是一个点,而轨迹是一条连续的线,但是对粒子位移可能的选择来说它是整个空间,所以在那里空间量和物理量常常容易混淆。

下面看光速,国际计量组织现在已把它定义为激光(原来是微波)的频率乘以波长

$$v=f\lambda \tag{2.16}$$

所以光速成了与时间和空间没有直接关系的标量。当然有人会对这种说法提出异议:爱因斯坦不是说光本质上是粒子吗,为什么不能从光迹来测量光速?如果那样测量不就和(2.15)式一样也是个矢量了吗?再说光速与空间和时间无关,你能在

任何地方测量激光的光速吗？但是科学上的事情就是那么复杂。其实爱因斯坦也总是没有把话说得像他的"继承者"那样肯定和绝对。确实光也有像粒子的一面，它的所谓全空间连续分布并不能使我们在全空间感觉到或测量到某个特定光（或电磁波）源所发出的光（或电磁波）的存在。在众多似是而非的现象面前找出代表本质的东西来，不但是困难的，而且往往要经过多次的反复。光在形式上确实与粒子有许多非常相似的性质，它看起来也像一个粒子，说它是全空间连续分布的，但是实际上并不是全空间内可以观察到特定光源发出的光，恰恰相反，只有在极小的局部区域才能够观察到特定的光线。很长时间以来人们确实也是从光的前沿通过光迹与测量粒子速度那样来测量光速的。而且用测量频率与波长的方法同样是对极细的光束来测量的，对测量的环境要作极细致的安排，绝不是空间任意位置可以测量的。但是所有这一切并不能混淆粒子与波的本质上的区别，丝毫也不能否定光的波动性的本质。这一点我们将在关于实物与暗物的一章中作稍为详细的讨论。(2.16)式所表明的波速是一个与空间和时间无关的标量，其实也只是一种假定，即频率和波长与时间和空间无关，并不会因为只能在极小的区域才能测量光速而否定这一点。区域的大小是相对的，相对波长而言测量的区域仍是很大的。由于电磁波的场具有叠加性，测量光速的区域内必须保证被测量的波远远大于其他干扰波的场量，因而这一点并不能否定光的全空间连续分布的性质。以前从光迹像粒子那样的测量方法之所以被现在的方法所代替，就是因为在原理上的缺陷使它的精度无法与现在的方法相比。

我们说波速与时间和空间无关，只是表示某种特定意义，波速是一个不变的标量。而实际上波速是一个极其复杂的量。波速是两个量,即频率和波长的乘积。频率是相对于时间的,只要测量的时间远远小于振荡器稳定地振荡的时间,频率的测量应该是与空间位置和时间没有关系的。但是波长是一个极为复杂的量。**实际上只有平面波(或球面波)才有确定的波长,但是从严格的电磁场理论可以证明理想的球面波并不存在,平面波也只有在特定的边界条件下才可能存在。**所以要测量真空中的波速,我们既要测量真空中平面波的波长,而又说真空中的理想的平面波实际上并不存在的,这实在是一件看起来相互矛盾的十分麻烦的事。但是科学所面对的就是这样复杂的情况。从(2.16)式可以看到,国际计量机构所定义的波速实际上就是光的相位传播速度。我们在复空间中表示一个待测的某个光的模式

$$\varphi = e^{i(p_x x + p_y y + p_z z + \omega t)} \tag{2.17}$$

如果有一个长时间工作的稳定的振荡源,频率 ω 没有虚部。对于理想的无损耗的平面波,$p_x = p_y = 0$,$p_z = \omega/c$。对于平面波来说,确实在空间的任一位置波速(相速)都是一样的,而且都是向着 z 方向的。整个空间的波长都是一样的:波长 $\lambda = 2\pi/p_z = 2\pi c/\omega$,由此得到波速等于 c。在这种假定下光速与欧氏空间内粒子的速度比较接近。波速有一个确定的量,也像一个矢量。但是实际的电磁波波束都是赋形波束,既不是平面波,也不是球面波,p_x 和 p_y 都是复数。这样一来,等相位面都变了形,各处的波长自然都不一样,光速也就不一样。只有波束的传播主轴方向上 p_x 和 p_y 才都等于零,只有在真空中并在波束传播的主轴线上光速才等于物理理论上只与 ε_0、μ_0 有关的那个常数 c。当介质不均匀时,或即使在真空的自由空间内,如不在传播的主轴上,光速都不等于 c。所以严格说来,(2.16)式中的波长应该定义为真空中两个等相位面之间的最短距离。这就是电磁波波

速测量的困难,只有在极高频率下才容易测量准确。我们也不知道应该怎样来定义真实的光速,它既是全空间的量,又是各个空间位置上并不相同的量。当然,这样说丝毫也不贬低光速和测量光速在物理上的意义。在科学上就是这样,许多最有意义的量都不是可以直观地测量到的量,而是抽象的量。以后我们还要多次讨论这样的情况:**那些实际上似乎并不存在的或只能在极其特殊的情况下才能测量到的抽象的量,才是那些真实的物理量的更深刻更普遍的表达**。所以,现在讨论的超光速问题实际上只是讨论如何认识光速的复杂性问题。因为所谓的超光速实验,也只是说明在特定的介质(包括边界)下的光速的定义和测量而言。所能够说的也只是这种情况下的电磁波速度超过那种电磁波速度而言。本来波速就是空间各个位置不同的,而又不能与欧氏空间上的位置直接相联系的一个特殊的物理量。大量的超光速实验确实非常清楚地证明了这一点。

有人特别强调相位传播速度与能量传播速度,当然这个问题也是非常复杂的。但是应该承认,相位是波中具有非常明确的直观物理内容的物理量,它既携带着波的信息,自然也带着波的能量。在有色散的波导中,波的"导波波长"变大了,而频率没有变,所以传播速度增大了,这当然就是"超光速"。但只是波导中的光速超过了物理学上定义的具有普遍意义光速,说到底还是光速超过了光速。任何人也不可能否认波的相位从 a 传到了 b,信息自然也从 a 传到了 b,信息不可能离开能量,怎么能说这个速度不是能量传播速度呢? 当然随着波速的加快,这个传播模式下的能密度比与以 c 传播的传输线上的能密度小了,实际上是传播方向上的能密度变小了。这样能量密度成了与方向有关的矢量,这也是很自然的,因为速度成了标量。所以把波导与传输线理想地、无反射地连接在一起,其传输功率依然是连续的。其实所有超光速实验都一样,传播速度快了,传播方向的能密度也要变小,能流或功率流还是连续的。

波速与实物速度的对应关系在研究实物与波的相互作用过程中是非常重要的。经典物理学家强调能量传播速度,而否定波导中相位速度就是波的传播速度。害怕出现"超光速",这不论从什么角度看都没有什么道理。从相对论观点来看亦是如此,在波导中波速超过了 c,它的质量 m 成了虚数,这不也很好吗?它正好说明了相对论公式是用于实物时才有实际意义。用于电磁波时,质量的物理内容也发生了改变。或者说这也告诉我们是应该重新审视相对论的真实物理内容的时候了。

波函数空间尺度上的速度定义与经典力学中的速度定义完全不同了,但是只要它们的量纲是相同的,在相互作用过程中就有进行比较的可能,从这种比较中也可以得出很多有意义的结果。首先,如果我们认定动量是一个与速度相联系的有普遍意义的量,为了对两种运动形式的动量进行比较,就必须假设波的质量是一个复矢量。因为波的速度不但是一个标量,还是一个复数,只有这样假定才能保持动量量纲的一致性。能量关系又是另一类不同的关系,如果从动量建立了波与粒子运动中质量和速度之间的对应关系,那么就不可能再从能量的角度去建立两种运动形式下,质量与速度的对应关系。能量的对应关系是直接从实验比较得到的。所以说,能量传播速度又是一个更为复杂的问题。波只是后面要讨论的暗物的一种。建立暗物与实物的相互作用理论,对于工程应用,特别在宇航科学中的应用是有十分重要的。这个问题,并不是用任何单一的理论——经典理论、相对论或量子理论——所能够解决的。对于不论微观、宏观或宇观的理论都要取其精华,去掉不合理的。那种把某种理论看成是科学的,其他理论是近似的,必须向那种理论靠拢的观念,对于物理学的发展来说,实在没有比它更有害的东西了。

　　电磁波速的讨论必然给光速不变性带来麻烦,那是没有办法的事情。正像爱因斯坦所说的,与感性材料的正确关系是一切理论的依据,我们不可能因为维护某一个理论而拒绝基于实验事实的感性材料。**任何一个在历史上发挥过作用的理论当然不会拒绝或害怕这样的讨论,这样的讨论所能够冲刷掉的只是那些理论外表中虚假的泥沙,而不会掩盖它的曾经对科学历史发展起过作用的闪光的本质。**

第三章　宏观力学中的数理逻辑问题

现在让我们逆着科学发展的历史道路往前回顾。牛顿力学的局限性除了在理想系统中,在所有的实际的物理运动中都存在。越是看起来简单的,与牛顿理论符合的越好的运动形式,这种牛顿力学的局限性表现得越隐蔽,也越复杂。

牛顿力学体系是在研究天体运行中形成的,它仅仅用运动定律和万有引力定律就计算出了行星运行的轨道,不仅如此,用它的理论还"计算出"了当时还没有被发现的行星——海王星。1846年9月23日,德国天文学家伽勒,在勒威耶向他指出的方向上发现了这颗行星。这时牛顿的理论体系达到了最辉煌的顶点。当然并不是说,他的理论预示的结果与观察结果完全精确的相符,但是这种误差完全可以用当时测量水平、还没有考虑的更远的星体的影响以及诸如地球的形状不完全是圆的等等因素来解释,谁也不会怀疑牛顿的理论还有不完善的地方。倒是牛顿自己始终不放心他理论体系中的力是怎样传递的,在这些星体与星体之间的广袤无垠的空间内还存在着什么。但是在宇宙内星体过于庞大了,太空过于广阔了,在当时人类有限的观察范围内,那些星体之间所存在的东西的影响完全被巨大星体本身所淹没了。当牛顿的理论从遥远的太空一回到地面,在考虑空气、水以及固体内部的力和运动过程时,反而遇到了真正的麻烦。原来不论在浩瀚宇宙的星体之间,还是在固体、液体或气体的分子与分子之间,都存在着那些牛顿理论中没有认真考虑的充满整个空间的"看不见的物质"。它们的影响随着科学的发展在不断的扩大,渐渐登上了物理世界的主角位置。这样,牛顿工业社会的力学世界也就要让位于信息社会的场与波的世界了。

当然这并不是说这种充满整个空间的看不见的物质（场与波）就比牛顿的物质更重要。首先要说明的是，这里所说的物理世界实际上并不是真正的物理世界，因为人们永远无法完全搞清楚自然界的奥秘，我们说的物理世界实际上只是从人类对物理世界的观察方法和结果的角度来说的。从历史发展的角度来看，人类对物理世界的观察和认识，正是从古代文明的世界观，经过工业文明的世界观，到目前的信息文明的世界观一步一步走过来的。信息时代的物理世界与以前的物理世界有什么不同呢？古文明时代人们是在不连续的时序上看不连续的物质，牛顿时代是在连续的时间上看不连续的物质（粒子或局域分布的物质），在信息时代我们是在连续的时间上，看空间也连续分布的物（这物就不再只有牛顿的局域物质了，还有场与波）。这样，整个物理学的数学方法和哲学逻辑都应该发生改变。牛顿时代所有的测量都是在某一瞬时对局域的物质进行测量，这就是牛顿自然哲学的数学原理的全部内容。爱因斯坦和量子理论的创始人，都不了解对于"瞬态"测量的值也可以通过时间平均的方法来得到，不仅可以，而且更加精确。这就是信息科学技术给人类文明所带来的变化。这些都是爱因斯坦一直在考虑而没有解决的问题，他选择了瞬态方法作为他的理论的基础，为此造成了很多问题。

信息时代的物理学就是把信息时代的"主角"——场与波，提到了物理学的主要地位。当然所谓主要地位仅仅是指在认识物理世界过程中的主要地位。任何物，也和任何人一样本身是分不出主要和次要地位的，只是在某些事件中所处的位置不同而已。从根本上说，当然还是牛顿所描述的实体物质才是世界的主体。

宏观力学是整个物理世界的基础。只有实体物质才是人类直接看得到的物质，它是人们赖以生存的直接物质基础，更是人

类一切知识、理想和信仰的见证。任何一种自然科学的哲学逻辑应该能够更精确,更完善地描述人们直接观测到的世界。牛顿的物理世界只是宏观物理世界的一部分,但是那是最重要的一部分,而且在那部分世界中牛顿的哲学逻辑是自洽的。相对论和量子理论打破了19世纪物理学家对牛顿理论的僵化,是物理学的大发展。但是21世纪的理论物理学家如果继续机械地按空间尺度把物理世界分为宏观的、微观的和宇观的世界,把宏观世界看成是不能精确描述的,并且不是微观世界就是宇观世界的一种近似形式,那将是一件非常不幸的事。毫无疑问,宏观理论需要从现代物理的先进理论和数学方法中吸取营养,但是现在的微观世界或宇观世界的理论,实际上只是没有自洽数理逻辑和哲学思想的相互矛盾、支离破碎的数学公式和物理概念而已。这并不是信息时代所需要的物理世界的逻辑框架。所以,信息时代的物理学当然应该是现代的、微观的和宇观的,但是,信息时代的物理学只有在宏观物理世界中同样得到应用,而且能比牛顿力学更精确更普遍地描述我们日常所见的宏观的物理世界——力与物质运动的世界,才能真正成为一个完整的自然哲学的数理逻辑体系。

§3.1 牛顿力学与引力场

我们把宏观力学看成是整个工程技术相联系的力学现象。当然,首先是人直接可以观察得到的力学现象,应该也包括通过仪器等间接手段可以观察到的现象。并且通过仪器的间接观察就会与一定的理论发生联系,并且这种观察结果应该是通过工程和技术手段,因而时时处处都可以受到人们的生产和生活实践检验的。这样宏观力学的范围就大大超过了牛顿力学。

牛顿力学是指以众所周知的牛顿三个运动定律和万有引力定律为基础的力学运动规律。当然这一理论体系中还包括作为这一理论基础的时间、空间和物质的定义。牛顿的时间和空间框架是物理学中讨论得最多的问题，相对论就是从批判牛顿的僵化的机械时空观入手的。**牛顿的时空框架确实有问题，但是这一时空框架的问题绝不是牛顿所说的与任何具体的物质运动都无关的时间和空间的逻辑界定所造成的。**对于这一点以后我们还要做详细的讨论。牛顿时间空间框架的问题是由牛顿的运动和力的定义所产生的。这是非常自然的事，一个简单的运动规律和力的定义自然不能适用于一切范围内的物质运动形式。牛顿是人类历史上第一次用力和运动定律来描述物质运动规律的人，当然不能要求他给出一个描述所有运动现象的普遍规律。实际上直到现在，想给出能描述所有物质运动普遍规律的努力，最后都是以失败告终的。在这里不再给出那些中学里都已经学过的公式了。

对于牛顿运动定律，指责和讨论得最多的就是关于静者恒静，动者恒动的第一定律。这实际上还是关于力与时空的框架问题。牛顿提出运动第一定律是针对亚里士多德的运动观的，用这样一句简单的话，把流传近两千年的错误观念纠正过来，实在是太简洁有效了。真正实质性的运动定律就是牛顿第二定律：力和加速度成正比，并把这一比例常数称为惯性质量。牛顿第三定律实际上是强化牛顿的物质定义的，在实际的物质运动中一离开牛顿的理论框架，首先发现的就是牛顿第三定律无法满足了，所以那是一个适用范围最窄的定律。在后面涉及这些问题时还将进一步讨论，这里只讨论一下关于质量的定义问题。

牛顿用一个常数——质量，来表征所有的物质性质，抓住了物质运动的本质。但是这个质量显然是与力和运动定律联系在一起的。通常把与运动方程联系在一起的那个质量称为惯性质量，表示那个物质对抗速度改变的性质；而与万有引力定律联系的质量称为引力质量,有很多经典物理学家都做过实验证明惯性质量和引力质量一致。这两个质量的一致性是不需要证明的,它是由运动定律与引力定律所决定的。在这两个定律中质量都是与力成正比的,只要适当选择引力方程中的比例常数作为引力常数,这两个质量就相等了,所以实际上那些实验所证明的只是运动定律和引力定律的精确性。一般物理上都愿意保持运动定律的形式不变,所以只要力的形式发生了变化,质量也就必然要发生变化。例如出现了与速度有关的而垂直于速度方向的回旋着的力,这时质量在形式上也就与速度有关了。牛顿的力学理论体系就是只适合于引力理论的物质运动体系。质量的僵化或者时空关系的僵化都是由这个引力体系的局限性所决定的。

牛顿的理论体系中,时间和空间是一种逻辑框架,关于这个逻辑框架一直是讨论得最热闹的问题,这不是一两句话说得清楚的,有了更多的关于物理学的直接经验后,再来讨论就便于理解了。质量是基于力和运动定律的一种定义,只要力和运动定律是正确的,质量的定义自然没有问题。所以真正要认识牛顿理论就要深入讨论这两个定律。在以前,由于我国历史上缺乏严密的自然科学的数理逻辑观念和一定时期又过分、片面地强调了实践的决定作用,因而强调的只是物理学定律,特别牛顿定律是实验定律,是实践中出来的真知,而没有分析人类的实验和实践同样是有局限性的,所有的所谓实验定律更恰当的是把它看成一种特定的实验条件下所做出的一种假定。这种假定只能在特定条件下才满足理论与实践结果的一致性,因而所有从实践中总结出来的定律或理论都是"有限论域"下才具有真理性[22]。**长期以来人们往往并不重视对这两个定律的研究,而把注意力放在对于由这两个定律所演绎出来的时间-空间框架和质量性质的研究上,这就给物理学带来了很多麻烦。因为所有**

的问题都是由这两个定律引起的,不研究这两个定律的"有限论域"性,而直接去研究由这两个定律所衍生的时间-空间或质量的性质问题,是很难真正搞清楚的。但是话又要说回来,从历史发展的角度先研究由这两个定律所衍生出来的问题也是很自然的,因为这两个定律涉及的问题太广了,在时机不成熟的时候是无法把它搞清楚的。一个在有限论域内具有真理性的理论,指导人们走一段很长的工程和技术的发展道路,它的影响是非常大的。要认清它的基本理论框架的问题是很不容易的。人们总是只能够先从局部上认识它的不足之处,积累了很多很多局部的不足之后,才能从整体上认清这一理论框架的问题。要从基本定律上指出理论的缺陷,实际上就是要准确界定"有限论域"的整体范畴。这只能在发现大量的局部的问题之后而不可能在它之前。这也就是我们一再强调的爱因斯坦理论出现是历史的必然,我们只有走过这一段历史才能够创造新的科学发展的历史。

牛顿理论是以超距作用的形式出现的,其实牛顿并不满意他的超距作用的表达形式,但是在他的时代只能用超距作用的形式,因为能够用场来表达的数学还没有真正创造出来。引力场的理论能够为大家所熟悉,实际上还是由于静电场理论的发展。引力场问题和静电场有相同的数学形式,这也说明有类似的物理性质。万有引力是从宇宙星体运动中发展起来的,巨大的星体和星体间更加巨大的空间,使得超距作用和引力场作用之间有很好的等效关系。但是实际上只有场的理论才是精确的理论,对于静电力来说就不可能从超距作用来进行严格的力计算。用引力场来描述物体之间的力,还有一个更大的好处就是能够简单明了地说明牛顿理论在有限领域内的自洽性。从上一章中我们讨论了作为矢量的力,从物理上不能在笛卡儿坐标系上分离为三个相互正交的分量,而必须在矢量偏微分算子空间上才能分离为相互正交无旋场和旋量场,引力场就是无旋场。牛顿理论的自洽性就是指:在一个封闭系统内,在仅存在牛顿引力的假设下,所有粒子从静止或匀速直线运动的初始条件开始,这一系统内就不会产生力的有旋分量。所有的有旋力都是从粒子运动的旋度产生的,假定系统内第 j 个粒子的质量为 m_j,在 t 时刻的动量为 $\boldsymbol{p}_j$,速度为 u_j,它所产生的有旋力场为

$$
\nabla \times \boldsymbol{p}_j = m_j \, \nabla \times \boldsymbol{u}_j = m_j \, \nabla \times \int_0^t \boldsymbol{a}_j \mathrm{d}t = m_j \, \nabla \times \int_0^t \sum_{i,(i \neq j)} \frac{1}{m_j} \boldsymbol{F}_i \mathrm{d}t
$$
$$
= \nabla \times \int_0^t \sum_{i,(i \neq j)} \nabla_i \, \varphi_i \mathrm{d}t = 0 \tag{3.1}
$$

这里 $\boldsymbol{F}_i$ 表示系统内其他粒子对第 j 个粒子的作用力,$\nabla \varphi_i$ 为其他粒子在 j 粒子所在位置的引力场,只要第 j 粒子没有初始的有旋力,以后就不会产生有旋力。这样牛顿的力学体系就是一个在无旋力场空间内的自洽的物理体系。实际上有了这个就够了,其他的惯性系和绝对空间等问题并不会对牛顿理论体系的完备性产生实质性的影响。所谓马赫等寻找绝对运动等等的讨论实际上就像"飞矢不动"、地心说中"本轮的转动"等等一样,皮之不存,毛将焉附! 其实我们不必过于重视那些把人们搞得越来越糊涂的哲学概念讨论,而只要搞清楚牛顿理论的完备性也只是在无旋力场体系内的完备性,并搞清楚由此所产生的牛顿理论的"有限论域性"就可以了。

但是把场理论引入到牛顿力学体系也带来了一个问题,即引力传递的瞬时性问题。在超距作用下人们从没有怀疑引力传递的瞬时性,自从有了相对论以后,场的传递也要服从他的公设,以光速传递,爱因斯坦自己也知道引力以光速传递是不行的,因为这样一来,计算地球绕太阳的运动时,太阳到达地球的引力就会有滞后效应,要计算这个滞后时间造成对引力的影响

必须知道太阳的绝对速度,这个绝对速度正是相对论所必须回避的,因为这曾被看作正是相对论必须对牛顿理论进行改革的出发点。所以爱因斯坦把引力场不再看成是物理量,而把它看作空间。既然它是空间,自然就不必遵循由他本人给物质运动所规定的各种规则,包括不能超过光速的规则了。实际上从哲学上说,对于物质存在和运动的性质就应该包含两层不同的意思:一类是物质客体自身的存在形式,它必然是具有瞬时性的,像引力场、电子和其他带电体的静电场等都是有质物质和带电体自身存在的一种物质形式。另一类是物质运动过程的描述,而这种物质运动过程和与物质运动过程相联系的波运动的描述是不可能在某一瞬时 t 内实现的,要描述包括波在内的更广的意义上的物质运动过程就必须用包括 t 瞬时的,时间间隔 Δt 内的全部信息[23]。

牛顿不可能想到,他已经搞得相当清楚的引力理论竟会在四百年后成了物理学的最大麻烦。实际上物质存在的形式是复杂的,不是单一的,它既有存在于局域的凝聚成质量或电荷量的在欧氏空间内的实物的形式,还有那些与局域的实体物质同时存在的分布于全空间的背景场。这种背景场与局域的有质物质同步地(或瞬时地)运动,这实在是非常自然的事。为了光速保持不可超越,又要保持牛顿所发现的并为无数事实证明为正确的星体的运动状况。爱因斯坦把所有那些实体物质的背景场都称成"空间"。当然如果仅仅是一个名字,把那种与实体物质附着在一起运动着的场称为"空间"也没有什么。这一空间实际上成了只是在三维空间上存在的一种场的分布形式,它的形状可以随着实体物质的存在和运动状态改变而变化,唯一与其他物质不同的是它可以瞬时传递力或作用。因为在以后的数学发展中抽象空间的名字已经为大家所非常习惯了,像 n 维欧氏空间那样的抽象空间不仅在数学上已经发展成为一门重要的学术领域,而且也在物理学和工程上获得了广泛的应用。但是如果有人真的把它想象成和三维空间那样的我们生活着的真实的空间:一架飞机从我们的头上飞过,我们所处的空间就被扭曲了一下,我们的脸和整个身子也都被扭曲一下,这实在有些不可思议了。长期研究广义相对论的张操教授说:"广义相对论把引力场空间作为四维超曲面,规定只能引进任意曲线坐标,从而把引力理论的研究引导到错误的方向。笔者已经讨论了在引力场空间引入笛卡儿背景坐标的可能性。"[24]这说明一个诚实的、具有正常思维能力的人,不管通过什么道路最后总会走到符合正常思维的方向。实际上引入了笛卡儿背景坐标以后,我们大家依然可以在三维笛卡儿坐标下不受影响地生活,只是被叫做引力场空间的那个物理量会因为一架飞机飞过或卫星的运行而受到改变。如果因为爱因斯坦曾开玩笑地把不能想象空间弯曲的人比喻为二维空间上压扁了的臭虫,有些"科学家"为了表示他们不是被压扁的臭虫,还真的在做着空间弯曲的实验和测量,并声称已经证明了时空的弯曲,证明了他们不是被压扁了的臭虫。这个世界真是有些疯狂了!

在宏观世界中除了牛顿引力外,还有没有其他的力,如果有的话,这个力的性质如何对物质运动又有什么影响,这个问题又成了现代物理学理论中的又一个大问题。我们现在先不理会那些现代物理学理论是怎么说的,而先讨论一下宏观力学中所讨论过的一些问题。

§3.2 流体力学中的两种分析方法[10]

早在麦克斯韦研究电磁场理论以前,流体力学已经以其一整套特殊的理论模型和数学方法表明了它与牛顿理论系统之间的区别。只是所有这些同牛顿理论体系的联系与区别,还无法用一种明确的数理逻辑的语言表达出来。而 20 世纪后期涡动力学的研究和发展,才使得人们越来越清楚地意识到流体力学中存在的数理逻辑问题原来与电磁理论和现代物理中所存在的数理逻辑问题是一致的。不但流体力学而且所有连续介质的力学实际上都一样,是粒子与波两种不同运动方式结合得最紧密的理论。流体力学中积累的关于粒子与波两类不同物理运动形式相结合的感性材料比其他学科更加丰富。

在流体力学的分析中,常采用一种称为"微团"的模型。微团是一种宏观上无限小微观上无限大的物质的集合。也就是说,宏观上看物质是由无限小的微团所组成,所谓宏观上看无限小是指可以把每个微团看成数学上的一个点,有这些点组成了连续的物质流;而微观上无限大是指从微观看微团是由许许多多的分子所构成的无穷大的物质集合。对于这样的微团模型常同时采用两种分析方法:拉格朗日分析法和欧拉分析法。

拉格朗日方法

$$x = x(X, t) \tag{3.2}$$

这里,X 表示微团的标号,x 表示标号为 X 的微团在 t 时刻的空间位置。在拉格朗日方法中,x 既是微团 X 的空间位置,又成了坐标空间的位置,这是经典粒子模型中的常用方法。拉格朗日方法下的微团模型,实际上就是典型的粒子模型,微团只是粒子的另一种叫法。按照这样的模型 X 应该只是标号而不是连续的变量,对于该标号的微团当然可以对时间微分,得到速度

$$u(X, t) = \frac{\partial x(X, t)}{\partial t}\bigg|_X \tag{3.3}$$

和加速度

$$a(X, t) = \frac{\partial u(X, t)}{\partial t}\bigg|_X$$

$$= \frac{\partial^2 \boldsymbol{x}(\boldsymbol{X},t)}{\partial t^2}\bigg|_{\boldsymbol{X}} \qquad (3.4)$$

按照通常的理解既然 $\boldsymbol{X}$ 只是一个标号,对它作微分运算是没有意义的,但是在经典流体力学中却要对 $\boldsymbol{X}$ 作微分,把它也作为一个矢量,并把它定义为变形张量

$$\boldsymbol{F}(\boldsymbol{X},t) = \frac{\partial x(\boldsymbol{X},t)}{\partial \boldsymbol{X}}\bigg|_t \qquad (3.5)$$

尽管变形张量在流体力学中已经是很常用的一个物理量,但是这是一个需要好好讨论的量。这里出现的是一个空间矢量 $\boldsymbol{X}$ 对另一个空间矢量的矢量偏微分。虽然从严格的逻辑上说这样的物理量是难以理解的,但它又是求解"连续介质"力学的经典方法中所不可缺少的。在某些特殊的历史时期,往往出现一些共同的问题:从逻辑上看是无法接受的,但却为人们所接受了。用空间量来表示与力相关的物理量大概是其中最有意思的一个问题了!是在牛顿力学框架下,为了打破牛顿力学框架的束缚,人们常常要借助于"空间"!这种借助往往会起到意想不到的作用,但是无论如何只能是一种暂时的办法。但是即使在找到真正的符合逻辑的表达办法时,要抛弃这种并不好的表达办法也不容易。比这里的空间对空间的偏微分还要有名的大概要算爱因斯坦的空间弯曲了,他先定义了一个空间的弯曲,再对弯曲的空间取梯度运算来计算力就是一个更有趣的例子。我们这里也只好按照经典力学家的意思来理解这个量了。但是现在空间坐标 x 实际上已经不再有空间的直接意义了,而代表了某种与力有关的物理量,$\boldsymbol{X}$ 也不再代表微团的标号了,因为在这里已经把它变为连续变量了,否则无法想象微团的标号怎么能够对空间位置去微分呢?我们说流体力学的这一处理就是对牛顿框架所作的修正,以使它能用于流体内部的运动过程。在有些

力学著作中把它解释成是描述相邻流体微团之间的不同运动状态，从形式上看起来似乎这样解释符合数学公式。但是在物理内容上实际上只能更含糊不清，微团在微观上是由无限多的粒子所组成的，那么这个张量说明不说明微团内部粒子运动状态的改变呢？怎么来比较两个无限大集合之间的不同运动状态呢？实际上只要求微分，就必须取无穷小的极限过程，两个微团间的微分在数学上是没有定义的。拉格朗日方法实际上就是牛顿粒子模型的一种描述方法，在那里物质只剩下了一个叫质量的常数和空间坐标。前面三个公式是牛顿模型下的对粒子运动的典型描述方法，而最后一个方法是牛顿模型的一种修正。现在不仅流体力学，在物理学甚至社会科学上都用惯了"张力"这个词，好像它是一个物理量。其实这不是一个物理量，从现代数学的观点这是从一个矢量函数空间的原像到另一个矢量函数空间的像之间的一个映射，它应该是一个并矢算子，或类似于并矢格林函数的广义函数。

欧拉方法

欧拉方法是一种对于空间连续函数物理量的描述方法，实际上就是对场量的描述方法

$$\boldsymbol{F} = \boldsymbol{F}(\boldsymbol{x}, t) \tag{3.6}$$

在经典流体力学中主要的场量是速度场

$$\boldsymbol{u} = \boldsymbol{u}(\boldsymbol{x}, t) \tag{3.7}$$

而且还可以把式（3.1）作逆变换

$$\boldsymbol{X} = \boldsymbol{X}(\boldsymbol{x}, t) \tag{3.8}$$

这是经典理论对场理论的一种"修正"。当然按照严格的数学逻辑这种变换是不符合运算规则的。在数学上一个量是连续变量还是不连续序列是一个非常重要的问题，因为不连续序列对序列号的微分是没有意义的。就像微团模型所描述的，$\boldsymbol{X}$ 表示的是包含足够多粒子的微团的一个标号。数学逻辑不是一句

"宏观上无限小,微观上无限大"这样的一个假定所可以建立起来的。但是这就是科学发展的历史面貌:**解释实验结果的需要,尤其是当这些实验不仅仅是实验,而是工程需要的时候,它在科学发展上永远是占第一位的**。为了能够解释实验事实,科学家通常都要作些不很严格的假定。没有这样的假定流体力学的分析就进行不下去的时候,这样的假定就是合理的。因为流体力学必须由牛顿力以外的力参与运动过程,否则其结果与实际情况就完全不一样了。

一个宏观上无限小,微观上无限大的微团模型,可以把微团标号 X 变成一个连续的空间函数,并使它是另一个连续的空间 x 和时间 t 的连续函数。虽然会有些别扭,但是这正是整个经典流体力学的精髓。有了它才可以在拉格朗日和欧拉这两个本来毫不相关的方程之间建立相互求逆的关系,并定义出反映物质变形的各种物理参数,并在此基础上研究了由于物质变形所产生的各种非"物质力"。而这些不仅是整个经典流体力学研究的基石,也是以后电磁场理论发展的基础,也为整个现代物理学的发展带来了可能性。**科学发展就是这样,不是先有了一套自洽的逻辑结构再去推导出各种逻辑结果,而总是为了寻找已经发现的,无法纳入任何现有的逻辑结构的新的感性材料之间的关系,去建立一些尽管是不尽合理和自洽的近似理论,而这种近似理论的建立首先要依赖于逻辑不严格的甚至看来有些莫名其妙的假定。永远不要去苛求和责难这样的假定,因为如果是你,要你去解决一个现在理论上还无法解决的实际工程问题的时候,你也必须依靠这样的假定,要么你什么也不做**。我们只能在比较感性材料和理论结果的过程中不断的改进理论模型或逻辑体系。这些在后来看来不自洽、不合理的理论,正是后来得到的比较自洽、比较合理的理论的基础。

流体力学,从形式上看是宏观的,因为它没有考虑物质的具体微观结构所产生的影响。但是它又是微观的,因为所有的微观结构产生的影响都已经用一个抽象的物理量来代替了。这个物理量就是"变形力"。在文献[10]中,明确提出了流体中存在质量力(与质量成正比的力)和其他的力(非质量力)。质量力就是牛顿的引力场的力。有别于质量力的物质变形力的提出,就标志着流体力学的基本数理逻辑结构已经有别于牛顿的理论而与现代物理有相同的地方了。

§3.3 流体力学中涡与波

从上面分析可以看出,所谓流体力学的经典分析实际上已经超出了牛顿经典力学的范围,因为它同时考虑了"微观"和"宏观"的影响,形成了两种分析方法,把两种分析方法结合在一起,并产生了"非质量力"。如何把拉格朗日方法和欧拉方法以及从两个方法中产生的各种的空间矢量偏微分和时间微分结合在一起推导出非质量力的过程,这里不再讨论,它很像经典电磁场理论,由于数理逻辑上的不自洽性,各种近似方法都与具体问题有关。**但是最根本的问题还是寻找产生非质量力的数理原因。在流体力学的经典分析中把这一"非质量力"最终用一个涡量来表示,定性地知道它是物质微观结构变形所产生的力,但是无法找到它的具体的物理机制和数学表达。这是因为在那里所谓"宏观"和"微观"的模型都是粒子模型,所能分析的物理量最终都是空间位置、速度和加速度。所以无法搞清楚产生涡量的物理原因。**在欧拉分析中如果我们不采用速度 u 作为基本的物理场量,而采用动量密度 $p = \rho u$,这里 ρ 为物质密度,实际上是质量 m 在空间的分布。把经典分析中的涡量改为取动量的旋度而不是速度的旋度。这是完全合理的,因为涡和动量都与力有关,而速度实际上只有在粒子模型下才有明确的物理内容,而在粒子模型下它在空间是不连续的,所以速度的空间导数在数学逻辑

上不严格。这样,我们看到

$$\omega = \nabla \times (\rho u) = u \times \nabla \rho + \rho \nabla \times u \qquad (3.9)$$

当 ρ 取常数时,就与经典分析中的公式差一个常数,但是在牛顿的粒子模型下,$\nabla \times u = 0$。这是很容易证明的,因为速度是由加速度产生的,实际上是加速度在时间上的线性叠加。所以如果加速度没有旋度,速度也不会有旋度,而加速度与力成正比,作用在一个粒子上的力是其他粒子的引力的总和,即牛顿引力是势函数 φ_i 的梯度,它满足叠加原理。所以在牛顿框架下,只有牛顿的质量力,而不会产生涡。这就是我们前面强调的,牛顿理论框架自身形成一个封闭的子空间。它自身是完备的。牛顿的数学逻辑是自洽的,但是自然界并不服从这个自洽的逻辑。所以所有的不服从牛顿理论框架的物理原因首先是因为有了 $\nabla \rho$,使涡量不再等于零。但是光是这一点还不能保证会产生非牛顿力。我们把(3.9)式两边对时间微分,动量的时间微分就是有旋力 F_r,于是有

$$\nabla \times F_r = \mu_g \frac{\partial \omega}{\partial t} \qquad (3.10)$$

这里 μ 只是表示与具体物质的微观结构有关的介质常数。这个公式还不能保证一定会有非牛顿力,涡的时间变化率也不等于零。让(3.9)式两边取旋度,我们希望能够得到这样的方程

$$\nabla \times \omega = \varepsilon_g \frac{\partial F_r}{\partial t} + \sigma_g p \qquad (3.11)$$

但是,这一方程是不能从(3.8)式推导出来的。因为从同一方程推导出来的方程从本质上会是等价的。到现在为止流体力学中还没有直接看到类似(3.11)式方程的推导过程。实际上在麦克斯韦方程组中的类似的安培—麦克斯韦方程也既不是逻辑推导也不是直接从实验结果得出来的。当时麦克斯韦是用位移

电流的假设得到这个方程的,但是并没有被当时的权威们所承认。这也说明假设是产生新科学的重要途径。并且,只有当这些假设在实践中被证实的时候,这个理论才能够真正获得生命力。麦克斯韦的电磁波被实验证明后才真正被得到承认。力学场与力学波,由于它的现象比电磁波复杂得多,所以其隐含的规律要更加隐蔽。怎样来推导或解释(3.11)式的来源,看来还得作深入的研究和某些大胆的假设。这里三个系数都加上了下标 g 以表示是对于引力的。这些假设的合理性就是要使这些系数与流体力学的现有的感性材料保持一致。为了保持与流体力学感性材料的一致性,这些系数对于不同的问题还可以有不同的更复杂的形式。

最后当然还有一个反映真正是牛顿理论中的力——万有引力。但是这里不是以超距作用的形式而是用场方程的方程,与电磁场理论一样,场有两类相互正交的场分别用旋量场 $\boldsymbol{F}_r$ 和无旋场 $\boldsymbol{F}_l$。

$$\begin{cases} \boldsymbol{\nabla}^2 \varphi = \rho / \varepsilon_g \\ \boldsymbol{F}_l = \boldsymbol{\nabla} \varphi \end{cases} \tag{3.12}$$

(3.10)式和(3.12)式都是容易推导出来的,只是都加了一个比例常数。这三个方程形式上与电磁场的方程组相一致,也可以写出一个涡量的散度为零的方程。

与电磁场理论不同的是宏观力学中虽然也有波的问题,但是主要的还是运动方程,所以(3.10～3.12)式实际上只对应于牛顿理论中的力方程,其中(3.12)式与万有引力方程一致,考虑到力学波的存在还要增加(3.10)式和(3.11)式一组波动方程组。只有在研究声学或地震波的情况下,像电磁场理论一样主要研究波动方程组,特别在声波的信息理论中,大部分的场计算和信息处理方法实际上都与电磁理论都用同样的方法。为了解决力学中的有质物质的运动问题,主要还得解运动方程。这个运动方程与牛顿理论中一样还是 $F=ma$。只是力必须包含两部分: $F=F_r+F_l$。这样质量 m 也应该与两部分力有关,即与运动有关。这正是爱因斯坦狭义相对论中所指出的问题。

现在看来爱因斯坦能在近一百年前指出这个问题,无疑是一个伟大的预见,对科学有重要的贡献。但是正如我们以后所讨论的,狭义相对论的时空关系并不是造成质量可以随物质运动变化的原因。牛顿理论中单一的万有引力是造成质量的僵化的真实物理原因,因而造成质量随物质运动而改变的真实原因同样是由于出现了复杂的非牛顿力。当然我们不能责怪爱因斯坦,在他的时代要认识波的性质和由此产生的完全不同的力的形式是完全不可能的。爱因斯坦能从牛顿时空关系的不合理中(这种时空关系的不合理同样是由单一的万有引力所造成的),发现质量应与运动有关,质量可以和能量相互转换,确实可以永载史册了。但是由于爱因斯坦相对论的基本假设是不合理的,所以他所推出的结果今天必须进行仔细的分析,不能全部奉为真理。对于质量也一样,正是一个特别需要认真研究的问题,爱因斯坦的质量公式没有物理内容,它的奇异性也是不符合逻辑的。爱因斯坦给我们指引了科学发展的方向,我们应该沿着他所指引的方向往前走,通过寻找正确的物理关系来发展理论,实现爱因斯坦本人所说的用新的理论代替相对论的愿望。

§3.4 流体力学中数理逻辑结构的进一步探讨

为了能够严格的推导类似于麦克斯韦方程组的流体力学方程,必须改变物质的模型,物质不能是一个没有大小只有质量的质点。这样的模型是不能进行严格分析的。物质总应该存在于一定的范围,即局域分布,在某一范围内有一个密度分布。这样的奇异函数正是现代数学中广义函数理论所研究的问题。通过广义函数理论可以把这类"不好"的函数变成有完全的分析性能的"好函数"。广义函数,这个神妙的数学方法,把局域与非局域,离散与连续,粒子与波巧妙地联系在一起了。**人们本来只能直观地理解离散的现象,把离散变为连续不知花去了人类多少时间和精力,直到 19 世纪才建立严格的实数集的理论,花去了几千年的时间。但是现在又可以用连续函数序列的极限形式来描述离散分布的局域函数了。而且,这种连续函数序列最终又可以用离散的数来进行计算。当然这不是说变来变去离散和连续都一样了。实际上,每变换一次,数的逻辑结构都深化了一步。离散与连续的关系是数学逻辑中最基本、最有实际应用价值的逻辑结构。离散是直观的、简单的,每一个人认识事物总是从离散的整数开始的,但是没有连续的概念我们就很难精确地描述运动过程中所观察到的物理现象;我们不但要把时间连续,还要把空间也连续起来,但是人们又无法看清楚时间和空间都在连续变化的那类物质运动情况,所以又要把连续的运动离散地一点一点的去看,这样,连续又转化为离散。但是这种经过数学逻辑严格转换的连续函数的离散化与直观地取时间或空间孤立的瞬时值又是不一样的。这就是数学逻辑不断发展的结果。**了解这种数理逻辑的发展过程及其在对人类认识物理世界中的作用实在比记住几个定理和推导过程要重要得太多了。

但是要在数学逻辑上严格说清楚上面的问题仍是比较繁琐的,又离不开大量繁琐的数学推导。这里只能从数理逻辑结构上作些概念性的说明。我们还是从前面经典分析的拉格朗日分析中,逻辑概念出现混乱的地方开始,在经典分析中引入了张量的概念

$$F(\boldsymbol{X},t) = \frac{\partial x(\boldsymbol{X},t)}{\partial \boldsymbol{X}}\bigg|_t$$

这个量的逻辑概念非常模糊,在微团模型中,$\boldsymbol{X}$ 只是微团的

标号,所以 x 实际上也只是微团内代表微团位置的一个点,它是随时间 t 而变化的,所以(3.1)式到(3.3)式是合理的,而上面这个式子在逻辑上不自洽。人为地把 X 当作连续的空间坐标,那么在每个 X 内的空间位置 x 的真实物理内容是什么呢?

在真正掌握了矢量偏微分算子和矢量函数空间和广义的矢量函数理论空间以后,我们就有可能建立逻辑自洽的流体模型。拉格朗日方法是对局域分布的实体物质的,为了方便起见我们仍把它称为"粒子",不过是有大小和密度分布的粒子。以后用下标 j 代替 X 来标记粒子。粒子内的坐标用带撇的来标记。第 j 个粒子可以描述为

$$m_j(t) = \int_{v_j} \rho_j(\boldsymbol{r}',t)\mathrm{d}v' \tag{3.13}$$

其中

$$\rho_j(\boldsymbol{r}',t) = \begin{cases} \rho(\boldsymbol{r}',t), & |\boldsymbol{r}'-\boldsymbol{r}_j| \leqslant \Delta r_j \\ 0, & |\boldsymbol{r}'-\boldsymbol{r}_j| > \Delta r_j \end{cases} \tag{3.14}$$

这里,$\boldsymbol{r}'$ 表示源空间,即实体物质所占据的空间位置。每一个实体物质都有一个对应的背景场,它在场空间的位置用 $\boldsymbol{r}$ 来表示,这里只标出粒子的中心的场空间位置 $\boldsymbol{r}_j$,为简化起见,只写出下标 j,$m_j(t)$ 表示第 j 个粒子的质量。$\rho_j(\boldsymbol{r}',t)$ 为粒子的密度分布,密度是一个局域函数,看起来像是一个半径为 Δr_j 的球,但是实际上是一个分布的函数,可以表示任何形状。对于任意的 i 和 j 都有 $\Delta r_j \ll |\boldsymbol{r}_i-\boldsymbol{r}_j|$,即粒子的大小远远小于任意两个粒子之间的间距。因为不论旋量场还是无旋场都满足场叠加原理,所以在解析中不必定义每个粒子的边界,正像在经典分析中也不定义微团的大小和分割,只有在数值方法中才考虑场空间的网格划分。这样一来,经典分析中的张量(3.4)式就不会再出现了。那么用什么来代替经典分析中的张量呢?代替张量的就

是对场方程的分析和计算。不再有空间对空间的运算,而是先计算场空间上的场函数。这个场函数就是由(3.10)式、(3.11)式和(3.12)式所给的方程组的解。现在这些公式从产生到推导都不存在逻辑上的困难,涡量产生的本质就是(3.9)式中的对于物质分布的梯度和(3.10)式中的梯度的时间导数。在局域分布的粒子模型中,流体力学中涡量的产生没有逻辑上的也没有数学上的困难,当然我们还要根据宏观力学大量实践中的感性材料来深入研究涡量的细致的物理问题。这将是一项极复杂的巨大的工作,我们无法在这里进行讨论。这里需要讨论的是这一宏观力学的有限论域问题和基本的物理性质问题。

以后我们讨论中粒子都是指如(3.14)式所示的局域分布的且与背景场所占的空间相比是很小的粒子,而不再是无限小的粒子。**在物理学中我们一定要放弃物质以及与物质运动相联系的任何物理量(如力和各种作用)的任何无穷小和无穷大的概念,而又必须保持逻辑上的无穷大和无穷小的概念。**这一点不是几句话说得清楚的,将在专门研究逻辑的时候讨论。有了这一概念,我们就可以说宏观力学是研究电中性的宏观粒子的。粒子中必然有复杂的结构,有一定的大小和形状。当假定粒子不随时间改变的时候,就称为刚性粒子或刚体。这就是牛顿力学所研究的范围。由于在这一范围内,不存在涡量也不存在波,所有的背景场是可以叠加的。一个个微小的粒子可以叠加成巨大的星体。在宇宙空间内形成大范围的引力场,当然粒子间的距离可以改变,随着粒子距离的改变,引力场也会随时间改变,但是仍然属于引力场,即无旋场的范围。当然这种有限论域也只是一种假定,严格来说实际上是不存在的。因为不可能有形状永远不随时间变化的粒子。但是人类要对外部世界的观察只能一步一步地进行,在粒子形状变化所产生的有旋力远小于万有引力的时候,就可以看成是牛顿理论适用的有限论域。尽管牛顿物质是由很小的称为刚体的粒子所组成的,但是实际上只有当他们凝聚成巨大的星体时,与星体巨大的引力相比、与星体间的更加巨大的空间相比,粒子间的运动以及变形的影响反而显得更微不足道了。而真正在原子、分子这样的中性粒子组成的系统中,粒子形变所产生的有旋力反而有较大的影响,在气体、液体和固体的力学中,满足牛顿力学的条件反而比较困难,只有在理想气体和刚体力学等极有限的范围内是牛顿力学的适用范围。在这里,有限论域是研究物理学必须注意的问题,一离开了有限论域,原来的科学真理就会变成谬论。例如:热力学第二定律就是从牛顿理论引申出来的定律,它只在理想气体和刚体组成的封闭系统中才成立,有人把它推广到任意的系统提出所谓宇宙热寂说,就成了谬论。实际上在大气和海洋中旋涡运动是流体运动的很常见的运动形式,在那里牛顿力学并不适用。**另一个重要的问题就是引力理论的另一个有限论域的界限就是粒子 $\rho_j(r',t)$ 的范围之内,即(3.14)式的 Δr_j 之内也不适用了。因为一进入这一范围之内,粒子之间就会发生相互作用,不仅会发生形变,产生电磁力,还可能产生更复杂的物质运动形式。**

§3.5 引力场、力学波、引力波及其与电磁场和波的比较

引力场是人类观察自然界的第一个有限论域,并在这上面建立了第一个逻辑自洽的物质运动理论体系,这就是牛顿的力学体系或者称为经典物理体系。在这以前,主要是古希腊时代,人类还只是处于积累直观经验和建立科学理论规则的探索期。由于人类活动的局限性,人类还没有能力精确的观察和描述物质运动的手段,所以在那时候的科学体系中,人类还没有掌握时间这一物质运动中的基本因素与物质运动关系的描述方法,只有物质静态图景的积累而没有关于物质运动的正确描述。在这种情况下,物理世界几乎与几何空间的图景相同。这种以空间

特性来描述物质运动形式,是人类探索物质世界运动规律过程中不可能逾越的阶段。牛顿理论是人类历史上第一个以人类直接经验为基础的物理理论体系,即第一个在有限论域内有自洽数理逻辑理论体系。那么应该怎样来界定牛顿理论体系的有限论域呢?一般说来有限论域的界定就是关于理论适用的时、空和物这三个方面所作的限制。但是在理论体系中这些时、空和物的因素往往是相互制约的,使得真正限制理论体系的因素变得迷离扑朔。**但是有一个限制条件是极重要的而又常常容易被忽略的,这就是空间必须大于中性粒子的最小范围。**牛顿理论还有一个对于物质性质的限制,这就是刚体,物质不随运动的改变。在牛顿原始的理论中没有强调对最小空间所作的限制,往往作只有质量没有大小的质点假定。这种假定可以减小计算的麻烦,但是带来很多物理上的麻烦。其实这种假定也是当时的数学能力限制所不得不采取的办法。现在造成这种困难的数学原因已经没有了,所以要强调对最小尺度的限制。对于牛顿理论下的物理体系就是具有这一最小尺度的刚性粒子。两个刚性粒子之间距离不能小于这一尺度。因为一达到这一尺度就要发生碰撞。牛顿理论对于刚体的碰撞不能给出运动过程的描述,而只能给出碰撞前后的两个运动状态的关系作为一种对最小尺度的边界界定。这就是牛顿第三定律和由此推导出来的碰撞前后的动量守恒关系。**有了这一最小尺度的限制,我们就可以把经典理论扩大为宏观理论,宏观理论不必再有刚性的假定,即容许物体可以碰撞、变形,即物体的外形可以随时间作一定范围的变化。**没有了这一假定,力的关系就会改变,这就是除了引力外,外有涡量所产生的有旋力,牛顿的第三定律就会改变,质量仍保留惯性质量,引力只是力的一部分,因而引力质量就不再与惯性质量完全相等了。但是在宏观理论的范围内还必须保持这个粒子的最小范围限制,也就是说为了总体上保持物体的宏观特性,这种变形必须是可以恢复的。因为如果中性分子一破裂或内部结构发生变化,就超出了宏观力学理论的有限论域。这时候必然要产生比引力场复杂得多的力与作用形式。

在宏观力学的有限论域内,由粒子变形所产生的力称为旋涡力或涡动力,由涡动力产生的波是力学波。由于在宏观力学范围内粒子的变形是可以恢复的,或者说是在线性形变的范围内,力学波在其传播过程中与粒子之间只有瞬时的能量交换,而没有时间平均的能量交换。这个力虽然从产生的原因来说也与电磁力有关,但是在宏观理论中可以不研究具体的微观结构,只用几个表征宏观特性的介质参数就可以表示其力学特性。**所以力学波的传播都依赖于介质而又独立于介质。说它依赖于介质,是与电磁波的传播相比较,电磁波虽然也可以在某些介质中传播,但它在真空中可以更好地传播,而力学波一离开介质就很快衰减;说它独立于介质,是与引力场相比而言,引力场是有质物质的背景场,不能离开物质而传播,而力学波可以在介质内独立于介质而传播,所谓独立于介质是指波在介质内传播并不造成介质性质的任何改变。**

流体力学的方程与电磁场方程组的相似形式,是不是说流体力学与电磁理论的差别不大呢?也对也不对。说它对,就是指它们的方程形式是相同的,所以也可以分离为旋量场和无旋场;说它们的差别主要是源函数的物理特性差别很大,由此造成它们的场与波的特性差别也很大。

主要有下面几点:

(1) 引力场的背景物质是电中性物质,所以力学的无旋场(引力场)还没有办法对其进行屏蔽,有大范围的可叠加性。而力学波则只能在介质中传播,可以通过真空进行屏蔽。而电磁场是有电性的,在大范围内一般说来正负电基本上都相互中和。

所以虽然电的库仑引力在同样的距离内比万有引力要大很多数量级，而库仑力一般只在电子器件、电器内部或大气的云层、电离层内部存在，像太阳系那样的星体之间的空间内反而影响很小。但是电磁波却是在真空中可以传播的，所以它可以充满整个宇宙空间。**所以我们始终认为引力场和电磁波是浩瀚宇宙空间中存在的两种主要的物质。它们在宇宙的运动和发展中应该起很大的作用。**当然在巨大星体内部的物理过程是非常复杂的，我们对此几乎还一无所知。这些我们还不知道的复杂的物理过程当然是星体演化的原因，但是那些我们已经熟知的引力场和电磁力在星体以外的广袤宇宙的物质运动中仍然应该起着主要的作用。

（2）电磁场存在频率为零的旋量场（即静磁场），静磁场存在大范围的可叠加性。由于电是有极性的，正负电可以在一定条件下分离并产生定向运动，如地球的电离层，地心的熔岩层中都可能产生电的极性分离。这种分离的电偶极子随着地球的转动就可以产生磁场，这种磁场就是旋量场中的频率等于零的"静"磁场。把它叫做静磁场，与把库仑场叫做静电场一样，是历史上留下来的叫法。实际上场也是一种物质，任何物质都是运动的，没有绝对静止的。它们的特点都是频率为零，空间内没有相位变化。为了习惯起见我们仍把它称为静磁场。所以电磁场中的静磁场具有大范围的可叠加性。在地球外层空间能够产生相当大的静磁场。力学场的源是电中性的，它的物质流到底能不能产生类似磁场的引力磁场，在理论上是一个问题，但是到目前为止我们还是没有看到任何关于与磁场对应的引力磁场存在的实验证据。如果有引力静磁场的话，像太阳、地球那样巨大星体的自旋运动应该能产生相当大的引力磁场，而且应该是相当稳定的，现在没有发现任何这一类场存在的证据，说明这类场即使存在也是很小的，这与真空中不能传播力学波是一个道理。现在广义相对论中为了与电磁场方程相对应，引入了引力波，即能在真空中传播的力学波，但是也没有任何实验验证。也就是说，这种引力波即使存在也是微不足道的，而所有的介质中的力学波从本质上说也是引力波的一种，只是它是由粒子结构的形变所产生，本质上与电磁力有一定的关系。

（3）在现代物理理论中引力场与电磁场的整合是一件最麻烦的事。而宏观理论中电磁场与引力场在理论不存在任何矛盾，它们是独立的物质存在形式，在理论上可以相互借鉴，在复杂系统的物质运动过程中也可以相互作用，并没有任何逻辑上的困难。在宏观理论中常常有这两种场同时出现的情况，虽然由于宏观理论中物质运动的复杂性，要精确计算是很困难的，但是并不存在数理概念上的困难。例如任何一次宏观系统的强烈的冲击过程，都会出现物质的破裂和非线性形变所产生的电磁波和线性形变所产生的力学波，他们总是不可分离地同时出现的，每一次地震、雷电、飓风不论发生在天空、海洋还是地层，总是声电交加，电磁波与力学波总是同时出现。在人类观察的范围内自然界的几乎所有自然现象都是电磁力与宏观力（引力与涡力）结合的现象，虽然要精确描述它们还很困难。那只是因为这些不由人所控制的运动过程的条件太复杂了，而不是在数理概念上有难以克服的困难。在人工控制的工程和技术科学中，情况就不一样了：现在压力与电磁之间的变换，声表面波与电磁波之间的变换都已经成为成熟的功能器件；在电磁波遥测中，特别是在全球定位系统中，宏观的实体物质运动与电磁波的传播结合在一起应该可以精确计算出时间和空间位置，在这些工程技术科学的范围内当然也会遇到大量的科学上的问题，但是到现在还没有发现过由于时间和空间的逻辑界定所造成的困难。或者像有的科学家所说的，到今天为止所有的实际工程和技术成就,都是在三维空间中获得的。

现代物理中,引力波与电磁波整合困难的原因,在我们看来可能是由于四维时空中的常数 c 所造成的。因为在宏观力学范围的物质运动中,实在看不出与常数 c 有什么物理上的瓜葛,因为那里的物质运动过程主要都发生在实体物质的内部,用宏观理论的语言来说,都发生在介质中,这时,连电磁波(包括光)也不以 c 传播,更不要说力学波了。只剩下一个还从来没有发现过的与介质无关的引力波可以假定它以 c 传播。实际上往往只有人类还没有直接观察到的或观察还不可靠的那些东西才能满足某些人为的假定!所以科学理论的发展往往需要从一些假定开始,到其中某些假定被否定而告一段落。又有新的假定出来试图建立新的理论体系。一个新的科学的诞生总要伴随一些假定,没有假定就不可能打破逻辑框架的自闭性。否定一个曾经辉煌过的理论中的一些假定,也是必然的事,否则科学就不会前进了。这种否定是科学发展的必须,并不是对这个历史上出现过科学理论的全部否定,而是在继承基础上的否定。更不是对那个科学家的否定。但是正像爱因斯坦本人所说的那样,当一个理论曾经在一个历史时期占据过主流,甚至统治地位的时候,许多并不是科学的因素都会依附于这一科学的光辉之下,形成一种顽固的力量。有时候也确实需要一些有力的冲击,才能打破那种顽固的僵化!历史最后将会做出恰如其分的结论。

第四章 时间和空间

在前面讨论了一些实际物理问题后,再来研究时间和空间,就可以有比较多的感性材料作为依据了。

时间和空间是一个永远讲不完的故事。有多少古圣先哲思考过关于时间和空间的深刻睿智的哲理;有多少文人墨客编写了不同时间和空间下的美丽迷人的故事;每一个芸芸众生都在谈论着时间和空间中的生活琐事。但是没有一个人的名字像爱因斯坦那样留下了那么多的关于时间和空间的科学而又虚幻、严谨而又荒唐的故事。爱因斯坦的故事告诉我们,一个科学家需要哲学家的深刻、严谨的睿智,也要艺术家那样的灵感和丰富想象力;科学不仅需要踏实细致的逻辑推理,也需要与直觉和顿悟相联系的原创精神。

科学来源于人类对于外部世界的深入细致的观察和实验,同时也必须有把这些从实践得到的感性材料编织成有科学理论的逻辑思维能力。逻辑这一个词,在古希腊就是神的意思,但是亚里士多德和古希腊的科学家们却把它变成了一种建立人类思维和科学理论的规则。简要说来,他们是这样来描述逻辑规则的:一个逻辑体系的形成首先要有逻辑前提,这就是通常所说的逻辑基元或公理;然后还要有逻辑的演绎规则,从逻辑前提和演绎规则就可以演绎出各种逻辑结果;这种逻辑结果一般说来就是现在所谓的"理论"。这样的一个逻辑的形式系统中,最重要的规则就是"逻辑自洽"。

所谓"逻辑自洽"是指由逻辑前提和逻辑演绎规则所演绎出来的,逻辑结果中不能有与逻辑前提相违背的结果,也不能有两个互相矛盾的逻辑结果。有时候不能逻辑自洽的理论,也可能演绎出一些与物质运动规律近似的结果,但是更会推导出很多不符合客观事实的结果,最终会把科学发展引入歧途。

但是除了自洽性,逻辑还有一个相反的性质,就是它的自封闭性或"自闭性":这就是说逻辑这东西本身没有创新的功能。一旦逻辑结构确定之后,也就是逻辑前提的公理和演绎规则确定以后,所有演绎出来的逻辑结果不可能超越它的逻辑结构本身。而所有的逻辑结构都有时代的局限性。打破一个逻辑体系的"自闭性",比维护逻辑体系的"自洽性"更需要超人的见识和勇气。**不论建立和完善逻辑结构"自洽性"还是打破一个逻辑体系的"自闭性",最根本的依据还是由人类实践所总结出来的感性材料。**在新的物理逻辑框架建立的过程中不仅要抛弃旧框架中的一些概念,那些新理论赖以建立的那些原始"假设"往往也要一起抛弃。所以,一般说来,打破逻辑的"自闭性"往往是带有突变性的,不成熟的;而逻辑形式的"自洽性"往往是在长期的发展过程中逐步地完善的。

§4.1 物理时空和逻辑时空

一般说来,人类文明是在对外部世界观察结果的描述和交流过程中萌发的,人类所观察的外部世界的运动过程都是与时间和空间相关联的。所以一面在时间和空间的原始而粗糙的概念中对万物运动进行观察和描述,一面在对万物运动规律的描述过程中使时间和空间的概念不断的加以发展和改进。时间和空间概念的发展和改进的依据就是应当造成感性材料之间的正确关系。因而关于时间和空间的概念也就成了人类认知过程中一个关键性的,而且必须从整个人类文明发展进程中去牢牢把握的基本概念。

在前面所讨论的关于如何打破旧逻辑的自闭性和逐步完善新理论的逻辑自洽性的问题,从物理学研究来说,主要就是指与时间空间概念相联系的数理逻辑问题。因为一般说来，关于纯数字的逻辑是数学家研究的问题。但是在数学家的研究范围内数字一般是没有物理内容的。**物理学研究的逻辑主要是指与时间空间概念相联系的数理逻辑问题。而这一逻辑关系中除了一般的逻辑自洽外，核心问题在于怎样建立逻辑结果与感性材料之间的正确关系。或者说，物理学中包含时间空间的逻辑结构的自洽性主要是通过如何与感性材料建立正确关系来检验的。**

在科学研究中最难把握的就是感性材料，它是随着时代而变的。要建立感性材料之间的正确关系，首先要及时发现和正确理解并抓住那些对科学发展起关键作用的感性材料。一般说来，**只有那些由技术发展，并由此产生了社会生产和生活方式变化而形成的感性材料才是最可靠的新理论的基础。所以每一个时代为人们所认可的时间空间的框架，总是与那个时代的生产、生活方式以及由此产生的人们的直接经验紧密地联系在一起的。**

到底什么是时间和空间，也许这将是一个贯穿于整个人类认识发展过程的问题。现在似乎已经有了公认的关于时间和空间的抽象的哲学理念：**空间表示物质存在的广延性，即每一物质周围还存在着物质，这确实是一种每人处处都能感受到的性质，我们还能感受到物体沿着前后、左右和上下的延伸，这就是说空间具有三维性；时间则表示物质存在的顺序性，在三维空间中存在的物质形态总不是永恒不变的，于是我们能够感受到物质存在形态改变的先后顺序，这种物质运动产生先后的顺序性，就用数的序列"时间"来表示。**空间和时间是物质存在和运动的形式：没有离开物质存在和运动的时间和空间，也没有离开时间和空间的物质存在和运动。这种抽象的哲学理念现在好像已经得到了绝大多数人的共识，但是一到如何理解时间空间与物质运动的具体关系，特别是如何在逻辑上严格地界定时间空间与物质运动的关系时,就显得非常复杂了。

　　一般说来,对一个哲学上认为是同一类的事物作严格的逻辑界定总是一件最困难的事。因为这一界定的性质既要这一类事物中每个个体都具有的,又要把这类以外的任何事物都排除在外。因而这一逻辑界定既要与这一类事物中的每个个体都有逻辑的联系,又不能简单地与这类事物中任何个体的具体性质联系在一起。把逻辑界定与其中某一个体特定的性质联系在一起,就容易造成逻辑的"自悖",因为这样一来就容易把这一类事物中其他个体所不具有的一些性质带进到逻辑界定中来,造成那些事物既可以属于这一类事物的逻辑范畴,又可以不属于这一类事物的逻辑范畴,因而造成逻辑不自洽。但是"不与任何个体的具体性质相联系"本身只是逻辑界定的一个基本原则,但它本身不提供逻辑界定的具体手段。每一种具体的逻辑前提还是需要有一种具有确定性的抽象性质来加以界定,或者说每一种理论体系都会把特定的个体性质带入逻辑框架中去。所以任何一种不与个体的具体性质相关的又具有确定性的界定中实际上总是也隐含着某种个体性质相联系的抽象界定。一般说来所有逻辑前提的界定中总是只能满足与这类事物中那些已被我们所确实了解的那些事物,而不可能满足这类事物的全体。因为对于那些我们还没有确实掌握它们的感性材料的事物,我们怎能判断它们也能满足这些抽象的逻辑界定呢?

　　时间和空间的逻辑界定总是包含着矛盾的两个方面,一方面就是要保持时间和空间的稳定性,因为一个不具有稳定性的时间和空间,就无法对不同地点不同时间的观察材料,进行确定性的描述和比较,每个人的经验之间也就无法进行确切的描述和交流。而人类文明是全人类共同创造并属于全人类的,如果没有稳定的时间和空间,整个人类文明就将变得虚无缥缈。**时间和空间的稳定性要求时间和空间的逻辑界定,必须与任何具**

体的物质运动形式无关,我们可以把符合这种逻辑界定的时空称为逻辑时空。但是时间和空间是用来描述物质运动的,它又必然与某些特定物质运动的性质发生关系,这就是物理时空。与物理时空对应的就是量器或度量标准,而与逻辑时空对应的则是如何确定时间空间量度的规则。例如,不论是中世纪的某个皇帝的脚、爱因斯坦的钢尺、巴黎国际计量中心的量器还是最近规定的某种激光器在什么样条件下测得的波长都只是物理长度。虽然经历了上千年,不管它们的精度有多大的差别,从物理学的性质上说,它们同样都只是物理长度,逻辑长度则要告诉你怎么才能够获得物理学上物质存在和运动的形式。有了再精确的钢尺如果你没有相关的几何常识,你也无法精确丈量物质的空间存在;只有有了关于点、线、面,笛卡儿坐标系以及相应的解析几何的数学逻辑,你才能精确丈量物质存在的空间形式。所以物理空间只是量度物质存在和运动的工具,只有逻辑时空才能够给我们以精确描述物质存在和运动形式的方法。**物质世界及其运动形式是逻辑时空的物质基础,而逻辑时空则是物质存在及其运动形式的抽象表示或者说逻辑时空是描述物质存在及其运动形式的正确描述手段。**但是什么才是描述物质世界的存在及其运动形式的正确手段呢?这是一个只能从人类科学发展的整个进程中才能够逐步把握的问题。

§4.2　时空框架的历史发展过程

亚里士多德时代的时空框架

当时的人们还没有能力来描述力和运动过程,所以把物质的运动过程只能看成是一些静止画面的组合,并认为在没有力作用下,物质都是静止不动的。虽然亚里士多德认为运动速度与力成正比,但是他们对于力没有明确的定义,因而对运动也只有抽象而模糊的概念。那个年代的学者常常为"兔子总是不能赶上乌龟"、"飞矢不动"等与运动与时间相关的逻辑悖论争论不休，因为他们的时空框架中实际上并不包含时间的内容，但是他们却给我们留下了对于空间概念的许多逻辑界定，如关于点、线、面的逻辑界定。可以说这些对于空间的逻辑界定是留给我们的关于逻辑界定的最好范例。我们找不到任何一个具体的事物完全具有欧几里得的几何学中点、线、面所具有的那样的空间性质，但是在几乎每一个物体中都看到点、线和面的空间特征。由于没有时间的界定，所以只要涉及运动过程，亚里士多德的几乎所有理论都错了。**在一般情况下，选择一种最简明的逻辑结构对于描述物质运动的普遍规律总是最方便的。那种与任何物质运动无关的时间和空间的逻辑界定就是一种最简明的逻辑界定。我们只能说它过于粗糙了，可以补充它而没有任何理由否定它欧几里得几何学中对于空间那些点、线、面的界定。直到现在，我们只是不断的丰富它的内容，而看不到真正否定它的理由。**

笛卡儿坐标系就是最简明的关于空间的逻辑框架，即三维空间中的每个基元都是独立的。当然还可以有复杂一些的框架，基元之间有联系的广义坐标，进一步还有量度定义可以改变的非欧氏空间。在信息时代，那些复杂的空间结构反而应用得越来越少了，在大量的工程应用的商用软件中几乎都应用笛卡儿坐标，而其他的复杂的广义坐标系都已经看不到了，连柱坐标和球坐标系也大都只应用在分析过程中，而在数值计算中也用得越来越少了。

牛顿的时空框架

现在人们都习惯于把与任何物质运动无关作为牛顿的时空框架的特点，这确是牛顿时空框架的一个特点，也因而使这一框架在特定的范围内具有良好的自洽性。但是这并不是具体界定牛顿时空框架的本质。因为单有与物质运动无关这一点并不能对时空框架作出具体的界定。真正界定牛顿时空框架的是牛顿关于力和运动的基本定律。即每一个特定的物质都用一个称作质量的常数来定义它的基本性质；再定义由物质所产生的力（万有引力）和力所引起的物质运动状态改变（运动定律）这样一对自洽的定律，且这一对定律的最基本的数学关系只是最简单的线性微分方程，所以在那里时间和空间是完全分离的。但是牛顿理论的形式中万有引力和运动定律都不是以假设的形式出现的，而是以实验定律的形式出现的。这是因为当时的科学发展已经为牛顿提供了丰富的感性材料。

所以应该说：造成牛顿理论中时间与空间的分离不是别的原因，而是牛顿理论中力和运动方程的性质所决定的。按照这一理论，时间与空间是完全独立的，物质的运动图景可以通过每一个瞬时的空间图景来获得。在亚里士多德的框架中，只有与时间无关的空间图景，而牛顿时空框架中可以得到每一瞬时的与运动相关的瞬时图景。对物质运动过程的瞬时观察和描述可以说就是牛顿时代所有人的直接经验，不仅如此，它也是爱因斯坦的直接经验，也仍然是直到现在的多数人的直接经验。牛顿的时空框架能够包容亚里士多德的时空框架，也符合当时所有人的直观经验，所以直到现在总还是有人认为牛顿的时空框架就是所有物质运动的自洽的时空框架，而不了解这一框架的自闭性，实际上只要有不同于万有引力的力出现，牛顿的物理定律就描述不了那些物质运动现象，因而他的时空框架也不再能够容纳那些物质运动规律了。

爱因斯坦的相对论时空观

爱因斯坦第一个看到了把时间与空间分离是造成 20 世纪初期科学上朵朵乌云的根源，但是他没有也不可能认识到对物质运动的瞬时观察和描述是造成时间空间分离的原因。因为如果没有现代信息技术的观察手段和描述方法，"物质运动不能通过瞬时的观察来获得足够的信息",这样的概念不仅是不能产生的,也是没有任何意义的。因而爱因斯坦只能把时间空间分离的原因归结为牛顿的时间和空间与物质运动无关的逻辑界定。为了建立时间与空间的联系,只能用他的依赖于光速不变的时空相对论来代替牛顿的时空观。所以爱因斯坦时空相对论的出现是历史的必然。

19世纪的物理学家认为以牛顿力学为基础的物理学已经完成了对宇宙的描述。其实,认为宇宙的一切运动规律都包含在牛顿的理论里,并不是牛顿本人的想法,而是后人逐渐加给他的。实际上从一开始牛顿本人对他的理论体系也不是完全满意的。"设想一个物体可以不经任何介质,即超越虚空把相互作用和力作用于另一个物体,对我而言是极大的荒唐,所以我相信任何一个具有合理逻辑的哲学思想的人不可能接受这种思想[6]。"显然在牛顿的理论体系里完全没有涉及这个传递相互作用和力的介质。从这段话至少可以看到,牛顿并没有认为他的理论体系已经包含了自然界的一切。随着时间的推移,牛顿的物质概念成了与哲学上的物质概念相等同的内容了,从牛顿理论所推导出来的质量守恒定律和能量守恒定律都成了包含宇宙所有物质运动过程的基本定律。爱因斯坦的相对论就是在这样的背景下出现的。

爱因斯坦身处工业社会,却已经看到了工业社会赖以建立的物理框架已经动摇,一个与新的社会——信息社会相适应的物理世界的框架即将建立起来,而建立这个新的物理框架的首要任务就是要打破对牛顿理论所造成的僵化。而做到这一点必须要从打破牛顿僵化的机械的绝对时间-空间框架入手。现在这一目标已经达到了:"电磁波"已经成为独立于"有质物质"的另一类物质实体而独立存在,波与"物质"之间可以相互作用,相互转换;"物质"也不再是与运动无关的僵硬的"刚体",而是可以随运动而变化,即不仅其质量还有形状都可以随时间和空间而变化。相对论的主要贡献与其说是打破了牛顿对于绝对时空观的僵化,还不如说是打破了牛顿理论中对于物质、力和物质运动形式的僵化。这一切都是首先由爱因斯坦的指引才得到的。难道我们还能要求他更多吗?至于爱因斯坦的时间和空间关系,也许只能说,这是一种天才,是一种灵感。尽管以后会有更合理的时间和空间关系来代替爱因斯坦的时空关系,但是这种时空关系在爱因斯坦的时代也是完全不可能产生的。即使有了一种新的理论可以用来代替爱因斯坦的时空相对论,这其实也只是实现了爱因斯坦本人的愿望。爱因斯坦在评价自己的相对论时曾经说过:"(它)肯定会让位给另外的理论,虽然其具体理由我们目前尚无法臆测,我相信深化理论的进程是没有止境的[7]。"爱因斯坦是一个充满灵感的人,我们没有兴趣在细节上过分苛求他,现在我们应该做的是如何把他所想表达而当时的感性材料和数学方法都使他不可能表达清楚的那些物理概念利内容尽量表达清楚。如:粒子与波、局域与非局域、速度与质量等等,从而实现如爱因斯坦寄希望于我们的那样用新的更合理的理论来代替他的时空相对论。但是不论代替爱因斯坦相对论的是一种什么样的新理论,他的时空框架无疑已经成了一个时代的代表。

信息时代新时空框架的展望

爱因斯坦的时空框架很有点像亚里士多德的时空框架,这就是直接与物质运动形式相联系的时空框架,即把某一个具体的物理时空当成了逻辑时空。亚里士多德把地球看成是宇宙中所有重物的沉积中心,把行星轨道看成特殊的球面,把恒星所在的位置统统看成宇宙边缘的球面,把球和球面与物质存在和运动形式联系在一起。虽然这个认识现在看来实在幼稚得可笑,但在他的时代,在长达一千五百多年的时间里,这一看法确确实实是人们公认的看法,他比同时代的中国人的天圆地方、以天盖地的"盖天说"要符合实际得多了。当然在中国也很早就有"浑天说",但这是不允许在民间公开传播的,只允许少数御用天象家不声张地采用,所以它的完整性也无法与亚里士多德和托勒密的地心宇宙说相比。爱因斯坦的时空逻辑实在是亚里士多德宇宙观在新历史时期的翻版,时代不同了,他的时空框架也复杂的多了,但是归根结底也是以一种特殊的物质运动来代替物质运动的普遍形式,以物理时空来代替逻辑时空。只是它的物理时空中不再是某一简单的空间模型,而成了某个特殊物质在特殊条件下的运动过程中的时间与空间的关系。这一时间和空间的关系是建立在一个僵化的常数 c 的基础上。所以与亚里士多德的宇宙模型一样,凡是与特殊的物质运动相联系的时空框架总是很狭隘的,所以相对论时空观除了在质量速度关系和能量质量关系外,在其他地方几乎再也看不到有什么真实性。

有些人过分重视狭义相对论的时空关系和光速不变性的公设,总以为只要光速不变性的公设被推翻或发现了超光速现象就可以把相对论的基础给推倒了,这只是一种误解。其实爱因斯坦尽管从时空相对论出发来建立新的物理框架,但是他并不像某些现代广义相对论权威那样,把时空关系搞得越离奇越兴奋;爱因斯坦总是时刻不忘把出于人类直接经验的感性材料放在最基本的位置上,总是尽量避免时空关系的逻辑混乱。

在狭义相对论中他把时空的相对关系放在两个惯性系统之间相比较的前提下,这就不会造成任何时序或等时性上的麻烦,因为两个惯性系统不可能在空间第二次相遇,所以永远不会出现第二次"对种"造成的逻辑困难。在建立广义相对论以后,爱因斯坦本人并没有再提出过如何在非惯性系统中时间随速度变化的关系式。

在广义相对论下,表征时序的时空锥已经不再是一个单一的时空锥,而是与四维时空中每一点相联系的时空锥,实际上,已不再有对于整个运动状态的时空关系的确定的计算方法。爱因斯坦本人拒绝了那些会产生宇宙膨胀和收缩、时间停止的那些与人们的直接经验无法相通的理论。

广义相对论学者现在也有两种完全不同的意见,当然有一部分人把四维时空搞得越没有理性越兴奋,这样整个宇宙都处于他们随意制造的理论前提之下,物理实在也变成可以随意解释的一种工具;但也有更多的相对论学者正在努力研究时空之间的各种数理逻辑关系,努力使时空逻辑与物理实在的感性材料保持一致。如张操教授所提出的修正的引力理论再也不把引力看成必须是具有大理石板那样的不可穿透的曲面结构,而主张引入笛卡儿背景坐标,在这种坐标系下,实际上四维时空变成了 3+1 维时空,空间回到了笛卡儿坐标下的三维空间,只是它与时间不是独立的而是仍需要保持特殊的关系。只要把这种时间空间的联系再从僵化的常数 c 修正为一种纯数学的逻辑关系,一种新的时空框架就会出现了。它既保持了爱因斯坦时空框架中所有的合理成分,而又不再与永远不变的不可超越的"光速" c 僵化地联系在一起。所以,要超越爱因斯坦相对论的时空框架,仅仅批判爱因斯坦理论框架中的某一公设或某个方程式都是不够的,真正要超越一个时代的物理框架就必须有一个新的物理框架来代替它。这样一个新的时空框架已经隐约地出现在信息社会的技术实践中,这就是既包含粒子运动又包含波运动的物理世界。在波运动中,那种时间和空间分离的牛顿时空框架已经不再适用,任何固定时间下的空间分布或空间确定点上的时间分布都不可能反映物质运动的真实图景;只有包含某一时刻的时间平均的空间图景才能反映物质运动的真实图景。我们所要做的工作还是像牛顿所做的那样,从大量与社会生产和生活相紧密联系的工程和技术实践的感性材料中,从人人、时时、处处都能感觉到的直接经验中去提取物质世界的普遍运动规律,当然这种感性材料和直接经验应该是信息社会的最新的感性材料和直观经验,这一百年来人类的直接经验发生了多大的变化呀!与爱因斯坦探索相对论时的人们的直接经验相比,这两个时代的直接经验的差别真是比牛顿时代和亚里士多德时代的直接经验之间的差别还要大得多。当然在分析、综合那些直接经验时,我们需要数学和逻辑的帮助,对于四维时空的某些数学性质的研究,特别是 3+1 维时空中的各种数学规则和逻辑概念都是我们建立新的物理世界的重要知识。唯一不会有用的东西就是建立在虚假理论前提上的虚假实验结果,它只能造成物理世界的混乱!

其实说到底逻辑时空就是一种数学,要真正搞清楚历史发展中的各个时空框架并进一步建立和发展新的时空框架,我们就必须学习数学。

§4.3 逻辑时空中的数学问题

培根说过"所以,如果一个人的理解遭困惑时,就让他研究数学吧!"这里最重要的是研究,而不是演绎。光会按着别人给出的规则去演绎数学,而不去研究数学的逻辑前提,不清楚自己所演绎的数学与物理实在有什么样的联系的人,就像鲁迅所说的是那一群跟在山羊后面走着的绵羊。

在上一章中我们曾经指出:在物理学中我们一定要放弃物质以及与物质运动相联系的任何物理量(如力和各种作用)的任何无穷的概念,而又必须保持逻辑上的无穷的概念。**时间空间的数学逻辑实际上主要是关于无穷的概念。物理时空不需要无穷的概念;而逻辑时空的基本特点就是它对于无穷概念的分析和理解。**

希尔伯特说过,无穷是一个永远的谜。关于无穷的概念也像关于时空的概念那样是一个永远讨论不完的问题。在谈到人类认识的发展历史时,人们总是喜欢说,什么时候什么人提出了或建立了什么概念使人类的认识发展到了新的水平。这样的说法显示了人类理性的不断进步过程。但是在大多数情况下这其实并不是事实。这样的一种观念总是反反复复地折磨着那些过于虔诚的理性崇拜者。实际上大多数情况下并不是理性在进行着选择,而常常只是因为某些非理性的因素,使人们在应该接受某种观念的时候拒绝了它,而在应该抛弃它的时候,反而接受了它。现在绝大多数人都知道是牛顿的微积分使我们懂得了关于无穷小的概念,从而建立了关于连续的概念,由此建立了关于物质运动的合理图景,但是实际上并不完全是这样。在亚里士多德的年代,人们这样提出关于运动的逻辑悖论:如果某个人要从 a 运动到 b,必须先经过它们的中点,这样他的第一个运动过程应该从 a 到 ab 的中点;但是到了这个中点以后,还需要经过这个中点到 b 的中点,如此往复,这个人必须经过无限个这样的过程之后才能够到达终点 b,一个人在有限的时间里怎么能够完成无限个过程呢?其实这只是一个思辨上的悖论,因为那个时代的人,大家也都知道每个人都可以从 a 点走到 b 点,有时候一步就从 a 迈到 b。**牛顿理论证明了在有限的时间里可以完成无限多的运动过程,只要其中每一个过程是只须用无限小的时间就能完成的过程。**这确确实实是牛顿运动理论的精髓,这一概念帮助我们建立了关于粒子运动的每一个瞬态过程,使人类对外部世界的认识能力从物体的静止状态进入到运动过程。**但是如果把物质的存在形式和运动过程都与牛顿的那种连续的或无限小的概念联系在一起,同样会产生对物质世界认识的混乱。而现在正是这样的时候,某些广义相对论大师就是颠倒了物质世界本身与描述物质世界方式的时空逻辑概念之间的关系,从而把物理世界的描述搞得一片混乱。**

对于物质存在和运动形式的连续和不连续、有限和无限的更合理的表述是柯西-威尔斯特拉斯的方法。在那里,函数与自变量是分开的,函数的取值范围是可以任意的,自变量总有办法来满足它,而并不需要无限小的概念。对于物理世界来说,我们可以用函数来代表客观的物质世界,这是无法随人的意志而改变的,但是我们可以用合理的逻辑设定特殊函数结构,在那里,自变量就是时间和空间,而在这个函数结构中,我们就可以用逻辑时间和空间来合理地描述物质世界的存在和运动形式。也就是说,当我们研究的物质世界的范围超出牛顿的经典物理世界的有限论域的时候,我们必须对于时间空间的逻辑界定作更精细的约束,以使实体物质不能成为无穷小点。牛顿理论提出了质点的假设,但是他不会想到,在四百多年以后,有人真的用他的无限小的质点和由此产生无限大的力来制造出各种稀奇古怪的世界来。其实牛顿理论中对这种情况并不是没有约束的,他的第三定律和处理粒子碰撞的动量守恒定律就约束了这种无限大的力和无限小的距离所可能产生的随意性。对于宏观世界来说,由于波运动的引入,波是在连续空间上运动的,波满足叠加原理,不会因为两个波之间距离为零而产生麻烦,对于波来说没有必要限制空间的距离。所以只要我们必须处理既有波又有实体物质的问题时,"奇点"就像魔影一样跟随着那些还不了解实体物质的有限论域性的经典物理学家们,他们不知道所有的奇点都是应该通过合理的数学方法去消除的,反而去发展出一种利用奇点的方法和理论。这也就是经典电磁场理论和我们提出的宏观的但又不是经典的现代电磁场理论之间的主要差别。在现代电磁场理论中,**实体物质之间必须保持对最小距离的限制,因为超过这一限度,就会有其他我们还不认识的物质规律起主要的作用。这种情况下,简单的无限小的概念就成了精确描述物理世界的障碍。这样,正确认识物理时空和逻辑时空之间的关系就成了正确认识物质存在和运动形式的基础。在逻辑时空**

中引入的关于连续的概念和无穷小的概念,如果运用得合理,不影响我们对客观世界的正确认识,就是一种很好的工具;如果因此而混淆了物理实在和我们用来描述物理实在的数学方法之间的关系,那么还不如没有无穷小的概念,因为在物理世界中是无法接纳这样一种东西的。当然无穷小概念给我们带来过许多数学处理上的方便,但愿我们的理论物理学家能够认真了解一下这一概念的合理内涵,谨慎地使用这一概念。由于我们现在对于量子理论还没有作过深入系统的研究,现在不再对此作进一步的发挥,因为我们相信这一概念对于弥合宏观理论与微观理论的差别实在太重要了,很担心任何草率的言论都不可能反映出这个问题的本质。但是我们能够肯定的是,现代的为某些权威所利用的广义相对论就是在实体物质的有限论域上出了问题的那种理论。

上面讨论了局域和连续、有限和无穷在时间和空间的逻辑界定中的意义。在时间和空间的逻辑界定中还有一个同样重要的概念,就是以欧拉的工作为标志的关于复指数的欧拉公式、复数空间和对于宏观系统的欧拉分析方法。i 这一表示负 1 开方的符号,本来说不出有什么意义,是欧拉公式赋予了它以数学和物理上的意义。在物理上 i 总是首先与时间联系在一起,并在复空间上与空间联系在一起,使时间与空间在数学上成为既能分离的、互相独立的,又有联系的一种特殊的关系。有了欧拉公式,我们就可以方便地描述在时间上具有周期性的运动形式。在电磁场理论和物理学的研究中,笼统的把空间和时间联系成四维空间在物理上并没有宽广的用途,因为空间的三个元素与时间有很不相同的数学物理性质,如空间的三个元素在物理上组成一个矢量。注意这种物理上的矢量与数学上的矢量(或向量)是完全不同的两个概念。物理上的矢量偏微分运算只对真实的物理空间才有意义,把时间列在一起形成四维空间,就没有了数学上的统一的运算法则,也就是说这类空间没有严格的数学性质。这就是说,四维时空要么没有矢量偏微分运算的功能,要么没有统一的运算法则和关于空间的严格的逻辑结构。时间和空间在矢量运算法则上是无法联系在一起的,能把它们联系在一起的就是复空间。要真正研究物理上的空间和时间的性质,就必须对时间和空间分别进行研究,然后在复域内把它们联系起来。现在物理学家研究四维时空是以亥姆霍兹方程组为基础的,实际上这一方程组不代表波动方程的精确形式,只有双旋度方程组才是波动方程的真实形式,因而四维时空的数学运算不能满足双旋度算子的数学要求。所以,一般说来它并不能解决物理学中的问题。闵可夫斯基把以复指数表示的时间与空间组成另一种有别于经典数学的四维时空形式。在那里,时间表示成指数的虚的和实的两部分。这一工作为复域上的时空分析开创了方向,但是闵可夫斯基空间本身并没有形成一个完整的数学理论。指数为复数的复时空框架的出现,大大提高了万物运动的表现能力:在实轴上我们可以描述纯的牛顿力学的运动,而在虚轴上我们可以描述纯的波运动(这里所谓的实轴和虚轴常常与信息科学中所用的复传播常数分析中的实轴和虚轴相反)。在虚轴上时间的因数被一个常数 ω 或 k 所代替了。这样时间的因数在分析过程中被简约掉了,它只被保留在常数 ω 或 k 中,通过应用复指数的欧拉公式,并以其实部表示实际的物理量时,又重新出现。通过这一过程,保证了分析过程中时间和空间的独立性,而在物理量的最后形式中,时间和空间又不是分离的,它们作为三角函数时,宗量又耦合在一起了。这样复域的分析方法,也许就是在牛顿时间空间框架中必须保持时间与空间的独立性,与爱因斯坦所指出的时间与空间在物质运动中不能僵化地没有联系,这两个要求合乎逻辑的统一在一起的方法。如果没有欧拉所引入的复数运算法则,要精确描述波运动形态是不可能的。因为在实数集中,所有波动的问题中时间和空间是不能分离的,这将给数学分析带来困难;而复域中所有波函数时间和空间是分离的,这就给数学分析带来了极大的方便。这样一个负 1 次开方,通过欧拉公式把四则运算法则从实数集扩展到复数集,现在又通过它把牛顿所要求的时间-空间的稳定性,即运算过程中的可分离性,和爱因斯坦所要求的时间-空间之间的联系性,即在运动描述中的相互关连性统一在一起了。现在再让我们回顾一下§1.3 中库珀[1]所说,**"然而他们认为自然现象从根本上通过一些简单到惊人地步的规律相互联系着,并且这些规律性可以用数字之间的关系来加以描述,就这点来说,他们无疑是正确的。"**恐怕欧拉自己也不可能想到他的简单到惊人地步的规律——复指数公式,会在几百年以后,把牛顿和爱因斯坦这两个开创物理学时代的巨人所造成的极其复杂的问题就那么简单地统一了。

分析宏观系统的欧拉方法实际上就是关于波运动的分析方法。虚轴上的万物运动具有完全的周期性,这时时间被一个常数所代替。所以任何虚轴上的运动都是理想状态下的运动,而不是真实的运动。与虚轴一样,实轴上的运动同样只是一种理想状态,即经典力学的运动状态(这一点还需要进一步论证)。真实的物理运动既不是像古典数学中所描述的经典物质运动,也不是波函数空间中所描述的波运动,而是在复空间上的运动。在这一复空间实轴上的运动在数学上也是可以正负双向的,但是在最后通过欧拉公式表达的物理运动形式中,只能是单方向的,即时间只能前进,不能后退。当然在数学上时间也可以后退,以回顾已经发生过的历史过程。在理想的周期运动中,时间在变化,但在物理运动状态却反复地周期性地回到原来的状态。因而我们说这里时间被虚化了(即实际上被冻结起来,只在一个周期内反复),在现代物理学中越来越多地出现虚的量,把握这些虚的物理量在时空中的真实物理含义是最重要的。这种理想的周期性运动是不存在的，所以是"虚"的时间。最后还得加上实轴上的时间不可逆的运动，才是真正的物理运动的形式。正如歌中所唱："太阳下山明朝还会爬上来，花儿谢了明年还是一样的开……我的青春小鸟一去不回来。"其实何止青春小鸟一去不回来。科学告诉我们，总有一天太阳不会再爬上来，花儿也不会再开。但是人类文明所带来的结晶会不会就此消亡，该以怎样的方式存在和发展，这就超过了物理学的范围。

时空框架上的复指数形式，可以同时表达时间上可逆的和不可逆的，即经典力学的和纯粹的波的运动状态提供了逻辑基础。但是到现在为止，真正已经完成的还只是实轴和纯虚轴上的分析方法，要得到真正完整的波与粒子的复空间上的运动形式还有待于今后的工作。但是现在信息理论和信号处理的方法已经使我们可以获得某一时刻 t 在 Δt 内时间平均的瞬时图像，而且这个 Δt 也不是越小越好，而必须与所用的电磁波的频率相适应。正是这种先在频域上求解波动方程，再通过频域的傅里叶积分的方法得到某一时刻的瞬时值的方法，不仅使我们得到了物体的精确图景，也使我们更清楚地认识了人类获取图像信息的原理：原来人的眼睛获取的也不是真正的瞬时信息，而是时间平均的信息，只是我们的大脑自动地进行着这样的数据处理的工作。我们相信真正合理的逻辑时空框架应该自动地包含在既有实物又有场与波的方程组的正确求解过程中，而不可能来自人为的某个常数。也就是说对于物理实在的理解应来自反映感性材料的方程中，而不可能来自人为的时空框架所制造的方程式中。牛顿理论由于没有考虑波方程所产生的局限性，只能通过深入研究波理论，建立关于波与实物相互作用的更普遍的方程组和求解方法来解决。一个从猜想的时空关系得到的方程组，有时候正好与某个特殊的物理问题有类似的地方，得到与实际相近似的结果,不仅解决了当时还无法解决的实际问题,也在某种意义上为这一新的物理领域的研究指出了方向,例如爱因斯坦和一些严肃的相对论学者所研究并指出的时间与空间的相互联系的性质以及量度公式的引入,都对理论的发展起过很大的作用。但是怎么可能把这一与特殊物理关系有些相似的时空关系变成一个普遍的真理,无限制地制造没有与物理实在相对应的数学公式呢?

§4.4　关于绝对运动和绝对速度问题

运动的绝对性和相对性是与时间和空间的绝对性和相对性联系在一起的,它同样是一个永远讨论不完的问题。其实在牛顿的理论体系中,这并不是一个特别复杂的问题。我们说牛顿理论体系的逻辑严谨性就是指,只要不考虑旋量场(或涡量场)对运动的影响,牛顿的理论是自洽的体系。牛顿理论体系的近似性只是由于旋量场(或涡量场)的出现才造成的;而与空间的尺度或速度的快慢并没有直接的关系。在流体力学中并没有出现可以与光速相比拟的物质运动速度,只要一考虑旋量场(或涡量场),牛顿理论照样不完全适用了。所以,牛顿理论体系的僵化完全是由于在牛顿理论体系中只考虑无旋场(引力场)的结果,因而造成质量成了一个与运动无关的常数。那些把牛顿理论看成近似理论的持相对论时空观的人,实际上并没有把牛顿理论局限性的真正原因搞清楚,因而仍然把只在牛顿物理世界框架下适用的物理量,如速度、加速度、质量、轨迹等等看成是全部物理世界普遍适用的东西。其实在牛顿物理世界中的那些物理量,在另外一类物的运动形式中,即波运动中不再具有实在的物理内容。但是在那些物理量,不再具有普遍的意义的时候,物理世界并不会因此而失去它的规律性,我们仍然有一些物理量可以用来描述新框架下普遍的物理世界的运动规律,这些具有更普遍意义的物理量,就是如能量和动量等,而空间和时间则始终是物理世界中最基本的稳定的量度。有了这些我们照样可以建立起物理世界的逻辑框架。在这个框架中,牛顿的物理框架成了其中相对独立的子框架,仍保持着子框架内的自洽性,同时又与波运动形式结合在一起,组成更广阔的新物理世界的框架。当然这个新的物理世界的框架在真正的物理世界中,仍然只是其中的一小部分。自然界是无限复杂的,至少它不是我们可以想象的多少代人就能够完全搞清楚的。

其实在纯牛顿系统中,即没有旋量场力参与的情况下,可以通过运动的相对性与绝对性的关系来理解绝对运动。因为牛顿的自然哲学体系只研究"物"的一种运动形态,同样粒子的运动形态只存在一种形式的力,那就是万有引力。在这样的系统中,我们可以比较简单地理解运动的绝对性与相对性:只要把与观察有关的范围看作是一个封闭系统,那么这个系统本身就是可以认为是静止的,在这个系统上所得到的运动和速度对于这个系统来说就是绝对的。一个人从 100 米楼房上掉下来,如果把人和地球看成两个系统,可以说是这人向地球掉下 100 米,也可以说是地球向人往上运动了 100 米。但是只要把这个人与整个地球看作一个封闭系统,现有物理理论完全可以计算出它的绝对运动和绝对速度。那个人确实向地球运动了非常非常接近于 100 米,而地球向人只运动了也许 10 的负几十次方米。这就是说,即使在牛顿理论中还是有一个比速度更普遍更本质的物理关系,这就是能量守恒和动量守恒。有人会说这算什么绝对运动,地球还绕太阳旋转和自转。确实如此,所以在考虑地球的运动时,必须把太阳也许还必须把太阳系的所有物体看成一个封闭系统。只要考虑到这个封闭系统内所有与运动有关的因素,我们就可以得到这个封闭系统中的绝对运动的图景。相对论者强调没有绝对运动,这从理论上来说也是对的,人类永远不知道自己在宇宙中所在的位置,也不可能到达任何自己曾到达过的地方。因为人随着地球运动,地球随着太阳运动,太阳随着银河系运动,银河系又随着我们所不知道的天体运动。知道这一点很重要,它使我们每一个人都保持一种谦卑的心态去对待自然界,我们只属于自然界而不是自然界属于我们。但是这不是物理学所研究的问题。在牛顿力学体系中,万物的相互作用都是通过"力"才发生的。因此我们可以选择一个封闭系统,系统以外的所有力对于系统内部的作用小到什么程度,牛顿理论所达到的绝对精度就是什么程度。伽利略相对性原理的物理内容就是:对于一个理想的封闭系统,外力等于零,所以一定是惯性系统。在这样的封闭系统内运动状态既是相对的,又是绝对的。由于在人们的观察范围之内,理想的封闭系统是不存在的,所以所有的科学理论的真理性都是相对的,但是牛顿的力是与距离平方成反比的,所以在相对性的真理中也就包含了绝对性。随着实验观察的范围越大,科学理论中所忽略的外部作用就越小,因而相对真理就越来越向绝对真理逼近。要讲清楚这个问题也许又必须用数学语言,在数学上说,牛顿的与距离平方成反比的引力可以用一种势函数来表示,这种函数属于 S 空间,这一空间中的函数在全空间内是平方可积的,它的场称为保守场,在这样的空间中所有经典分析方法是有效的。也就是说,不仅在假定太阳系是一个封闭系统的情况下(即假定太阳系以外的星系离太阳已经很远,它们所有引力都可以忽略),即使考虑附近还有类似太阳的恒星,由于这个恒星考虑的仍是无旋场,经典数学还是有效;换句话说,牛顿理论不仅适用于星空,也适用于所有粒子只存在引力的多粒子系统,这些就组成了经典的热力学和经典统计力学的理论基础。但这也会使牛顿理论暴露出自身的问题。如果只考虑无旋力,即在牛顿理论的框架内,就可以推导出热力学第二定律和出现宇宙热寂说。只要物理系统中加入旋量场(或涡量场),那么所有的经典理论中的守恒定律都要改变,就不会出现宇宙热寂现象。总之,我们所讨论的是物理学中的运动规律,我们只能从人类实践的范围内去考虑科学规律的合理性和准确性,去研究造成物理规律局限性的真正的物理原因。离开这一点去寻找绝对的静止、绝对的速度、我们在宇宙中的绝对位置以及绝对的时间和宇宙的绝对年龄和宇宙空间的绝对大小等等,我们认为这些都已经超出了物理学的范围。

牛顿时空观一旦与牛顿经典力学的物质运动范畴联系在一起,就显得非常狭窄了,但是我们现在大量的科技活动仍是在这个相对狭窄的范围内进行的。现代科学和信息技术中常用的惯性平台就是一个很好的例子。在目前的科技条件下,我们很容易设计一个虚拟的惯性平台,在这个惯性平台中,所有外力造成的对运动的影响都可以通过虚拟的方法加以消除,对于牛顿力学运动来说它就是一个封闭系统,在这样的系统中所得到的物质运动规律对于所有牛顿力学系统都具有绝对性。它就是一种在不考虑波(旋量场)的条件下,保证我们在有限范围内所作的实验能够越来越接近绝对真理的一个基本手段。

所以我们说运动的绝对性是指牛顿理论框架下的运动的绝对性,对于整个物理世界这个绝对性还是有相对性的。但是牛顿理论框架是物理世界在某个有限论域下自洽的理论体系,所以对这一范围内的各种运动规律的了解,是人类掌握自然规律过程中的一部分;否认牛顿理论框架下运动规律的有限论域下的绝对性,不仅不会对人类认识自然界带来任何帮助,反而会造成混乱。当然麦克斯韦方程组的出现使问题发生了变化。光(电磁波)不是保守场,不满足 S 空间的数学要求,因而也不再满足牛顿的物理学规律不变的要求。要把辐射影响完全消除从理论上来说是很困难的。但是现代的工程技术的发展证明,尽管波对于人们获取信息来说是占有最重要位置的,但是对于人造空间飞行器在地球这样巨大星体附近的运动来说,惯性导航系统依然是一个可靠的工具。当然对于更复杂的问题,牛顿理论的有限论域下的运动规律就不再适用,如热力学第二定律就需要作某些修正。但是无论如何,新的更大范围的物理世界的规律一定可以在牛顿理论的基础上来发展和完善,完全否定牛顿理论下运动规律的结果,另搞一套否认运动绝对性的相对运动和相对时空的理论不会对人类认识自然界提供真正有用的知识。

这里我们有必要提一下关于旋转水桶的实验和牛顿、马赫和爱因斯坦对于这一实验的争论。牛顿为了证明运动有绝对性提出了下面的实验论证:将水桶注满水,令其快速旋转。开始时,水桶转动而桶内的水不动(转动动量还未传递给桶内的水),水和桶之间有相对运动,水面呈水平状。随着转动动量逐渐传递给桶里的水,水面开始下凹;随后,令水桶突然停止转动,这时,桶内的水仍旧维持原来的转动,水和桶之间有相对运动,但水面仍旧维持着下凹状态。

牛顿认为从这个实验证明了运动有绝对性:水的转动与是否和桶有相对运动无关,而保持其本身的绝对运动的特性。关于牛顿水桶实验,马赫反驳问道:如果水桶的壁非常厚(例如有地球尺度,约 6400 公里)当水桶转而水不转时(相对于惯性系),水面怎能仍保持平面或呈现微小的凹面呢?马赫猜测,水面将不再是平面。马赫认为水面之所以成凹形,是因为水面相对于宇宙中无数的恒星和天体有旋转而引起的。他反过来论证,如果让宇宙间所有的天体都围绕这一水面转动,水面也会呈凹形。这个问题对爱因斯坦建立相对论有很大的影响,后来他在广义相对论中回答了这个问题,他的计算表明在一个有大质量的转动的球壳内会产生微小的离心力,相当于水桶的静止水面会呈现微小凹面。

这样一个看似简单的实验为什么会引起这么多大科学家的注意呢?我想这是因为这个桶和水旋转的问题,在现在的流体力学专业人士看来很简单的问题,但却是当时的那些科学家所解决不了的问题。从物理上来说,如果只有牛顿力,水面在垂直引力的方向上旋转,是不会产生垂直运动的。它的垂直运动是由于桶和水之间的边界条件所引起的。现在边界条件成了所有工程科学中最基本的问题之一,但是牛顿理论无法确定边界条件,牛顿理论的最大缺陷就在于它所讨论的是理想粒子或刚体的问题,它无法考虑粒子碰撞的问题,或者说对于粒子碰撞,它无法描述碰撞的过程,而只能给出理想情况下粒子碰撞前后的两种状态。所以牛顿的粒子是不接触的,如果像水和桶那样接触在一起,牛顿理论只能提供两类情况,一是粒子间有无限大的力,并以刚体的形式结合在一起;二是无摩擦力。这两种情况都不符合那个问题的需要。那么大家再看一看马赫和爱因斯坦所提出的解决方法怎么样呢,实际上他们的方法也不是解决这一物理问题的方法。因为大质量的球壳内会产生微小的离心力,所以直到现在也无法用实验证明"整个宇宙绕着水桶旋转"。但是在牛顿力学的基础上,加上牛顿力以外的力,粒子与粒子之间的摩擦力或黏滞力,所有问题都可以得到完善的解决。我们不是要以这个例子来说明绝对运动存在还是不存在,因为这个例子实际上对于所讨论的问题什么也说明不了。一些哲学家都喜欢把一些本来是简单的但是实际上却又是当时的理论还不能完全解决得了的问题,变换为几乎永远也无法得到证明的大问题,从而来论证自己的某个复杂的哲学大前提。在某些情况下,这当然可以启发人们的思考,但是从物理学的角度,这常常并不是一个认识和解决问题的好方法。但是我们还应该看到,在现有的流体力学的范围内所解决的水桶和水的旋转问题依然是不彻底的,因为摩擦力或黏滞力与牛顿理论的逻辑前提同样是不自洽的。也就是说科学发展到这一时候,打破逻辑的自闭性成了发展科学的首要问题。

第五章　实物与暗物

在上一章的最后,我们讨论了牛顿、马赫和爱因斯坦关于水桶和水旋转的问题。这是一个看起来非常平常的日常生活中就会遇到的事,但是科学家常常能从这类平常的小事中悟出大的道理。然而有时候这些悟出来的复杂的大道理还没有实实在在的方法有效,当然这并不是否定想象力在科学发展中的作用。20世纪早期,正是这些科学家们的超乎常规的想象力促使了科学的大发展,因为那时候牛顿的理论框架已经不再适应科学发展的需要,不冲破牛顿理论狭窄的逻辑框架就不可能发展出新的科学理论。首先是麦克斯韦用一个被当时的权威称为"天才的、怪诞的"位移电流的假定建立了电磁场理论并开创了科学发展的新时代;接着爱因斯坦提出了更加"怪诞"的相对论,连爱因斯坦本人也说他的狭义相对论的公设是"一对矛盾事实";更不用说以逻辑矛盾性作为基本特点的量子力学了。但是大家应该看到,如果没有这些看起来不合逻辑的怪诞的理论,那就不会有20世纪科学技术的发展。在科学发展的一定的历史阶段,僵化比混乱更可怕地阻碍着人类思维的发展和进步。正是在这些看似怪诞、不合逻辑的假设中,萌发着新科学的逻辑前提。但是,这种逻辑混乱的状态毕竟不是科学发展的正常状态,当为了打破牛顿理论的局限性而不得不采用非常的手段来对待狭隘逻辑前提的自闭性的时候,爱因斯坦总是担心由于逻辑混乱可能对人类进步带来的危害,反复提醒人们只有与感性材料有正确关系的理论才是最终的依据,应该毫不犹豫地拒绝那些由广义相对论导出的宇宙膨胀和时间停止等危言耸听的理论。特别是到晚年,他已经预感到他的理论可能成为科学发展的一个障碍,明确地表示相对论只是暂时的理论,它一定会被新的理论所代替。现在的情况正好与20世纪初期相反,一些以理论权威自居的人已经公然否定理论与物理实在的关系,把自己的理论称作是物理实验的前提,一步步地把理论物理引向了与技术发展实践活动相背离的死胡同。所以我们觉得在这种时候强调那些确确实实的为人类实践所证明的感性材料,切切实实地用人类在近百年来已经获得的直观经验来重新组织物理学的理论体系是有必要的。当然,这些直观经验中也要包含从麦克斯韦的电磁理论、相对论到量子理论中那些已经与感性材料建立了正确关系的那些精华。从而就有可能、有必要建立一个比牛顿理论的逻辑前提扩大了的尽可能逻辑自洽的新物理体系。这就是我们在这一章尝试着要做的事。

§5.1 物质存在及其运动的基本形式的探讨

科学家们总是抱着世界万物的运动应该可以用统一规律来描述的信念,这个信念正是科学发展的动力。但是现在看来,用把伽利略变换作为洛伦兹变换的近似办法,使波运动和粒子运动这两种不同的运动形态"统一"起来,这一方法显得过于简单了。这一过于简单的方法反映了爱因斯坦时代的一个局限性。但是造成物理学混乱,并不是爱因斯坦相对论的"果",它所结出的巨大的果实就是:对于牛顿自然哲学世界中质量的不变性的否定;对于能量(或光)与质量作为两类独立存在的"物"的朦胧的承认。没有这些"果",也许现在我们还停滞在牛顿力学体系的狭隘的框架下,而对于科学来说,停滞比"混乱"还要可怕得多。

在考虑了波与粒子的两种物质运动形态后,一种简单的相对性原理就不再存在了。通过一种特定的简单的时空关系的变换来使万物运动规律都保持不变性,从哲学逻辑上看也是谈不上有什么理由的事。实际上,满足伽利略变换的系统在宏观的物理状态下也不一定满足相对性原理。它只能保持牛顿力学规律的不变性,而不能保持所有宏观物理运动规律的不变性。注意,我们这里特别强调宏观的物理体系与牛顿物理体系(或经典物理体系)之间的区别。宏观物理体系是指对物理实在的一种规范,而牛顿物理体系则是以牛顿定律所描述的已经确定了的理论体系。只要在力学运动过程中伴随着波现象的出现,伽利略的相对性原理就不可能满足。当然从洛伦兹变换的时空关系更不可能保持所有物质运动规律的不变性。洛伦兹变换只能是一种纯数学的变换。在这种数学变换下它能保持四维标量波动方程组在特殊形式,即一维的平面波近似下的不变性。它连四维标量波动方程的解形式也不能保持不变性,哪里谈得上把牛顿方程与标量波动方程统一起来。这一点在力学波的研究中实际上已经得到了明确的证明[11]。在那里同样存在类似的四维协变不变性,但是对应于洛伦兹变换中的光速 c 被声波的速度所代替了。而且同样在飞行体速度为某一特定范围内,在特定的飞行条件下,可以得到飞行体的形式上的质量与系数 $\sqrt{1-v^2/c^2}$ 之间的类似爱因斯坦的公式,但是这里 c 不再是光速而是声波的速度。所以爱因斯坦对现代科学的两个巨大贡献——质量的可变性与能量质量可以相互转换,并不一定要与相对性原理联系在一起。有关于洛伦兹变换所隐含的物理内容还没有真正揭示出来。洛伦兹变换和由此导出的质量速度关系表示了在某种近似条件下以速度 c 传播的平面波与实体物质之间的相互作用关系,这种相互作用的引入将改变牛顿所定义的质量、速度等物理量的内容。这样我们就可以把相对论中的合理内涵与时空相对关系相分离,把时间和空间恢复成逻辑时空而不与任何物质运动相联系的性质。

没有了可以制造方程的那种时空关系以后,我们首先要做的事就是重新探讨物质存在和运动的形式，以便在此基础上建立物质之间相互作用的方程式。方程式总是要的，不从时空关系中制造就得从对物质的相互作用过程的理解中来求得，后者虽然看起来比从时空关系中制造要困难得多，但是人类科学技术的发展实际上一直是这样做的。而为了从物质的相互作用过程中获得合理的方程式最重要的就是首先探讨物质存在及其运动的形式。我们在这里提出的**物质存在及物质运动存在形式是为了强调物质有自身存在形式和它的运动形式这样两种不同的概念。为了简化起见，我们以后仍以物质运动形式表示物质自身存在，运动这样两种形式。**

在牛顿理论中物质的自身存在形式是以质量来表示的，对于某种有一定形状的和密度分布的刚体物质则以局域的密度分布来表示；对于物质运动则是以速度和速度的变化（加速度）来表示，或者说是以动量和动量的变化（力）来表示。但是对于物质存在及物质运动形式的这种表示方法是连牛顿本人也不满意的。这不仅是因为哲学观念上的原因，而且是因为超距作用的力除了对质点或均匀刚体球以外的物质均存在计算上的困难。对一个确定形状和密度分布的物体，实际上只能对均匀的引力才能够计算出它的质心，也就是说超距作用实际上并不能计算两个任意形状物体之间的作用力。**所以引入引力场不只是一种形式，而是实际的必需，也就是说，如果要精确地描述物质存在的特性，只有局域分布的物质形式是不够的，同时还必须有与实体物质不可分离地联系在一起的背景场，对于用质量（或质量密度）来定义的实体物质这个背景场就是引力场。尽管不同的理论体系对引力场有不同的理解，但是实际上有一点是共同的，那就是引力场只是实体物质的背景场，它与实体物质保持瞬时的互动关系。**牛顿理论的超距作用和爱因斯坦把引力场作为空间来处理都为了保持瞬时的作用，因为如果引力存在传播速度，则为了计算地球的运动就要计算太阳引力的时间滞后,而这又必须知道太阳的绝对速度,这正是相对论所必须避免的。当然在后来发展起来的广义相对论的引力理论中又引入了光速 c,这只是广义相对论中数不清的逻辑矛盾中的一个矛盾而已。

我们把背景场作为物质自身存在的另一种形式,它与质量和质量密度一样是作为物质自身存在的两个相互依存不可分离的形式。背景场的存在可以进一步理解物质存在与空间的关系:物理空间就是物质存在的广延性。也许有人对此存在怀疑:引力场能够被当作一种充满整个空间的物质吗?从逻辑上说应该是这样,或者从数学上说,我们不能确定引力场的边界。虽然从物理上说,每一个小小的物体的引力场都可以充满宇宙,是有点不切实际,但是由于引力场的可叠加性,则引力场或者所有其他的场相互之间只有线性叠加,而不会发生相互作用,所以说每一个引力场都存在于整个宇宙,而不会对物质的存在形式产生任何影响。一个小物体,例如地球,在某一范围以外,它的引力远远小于其他物体的引力,当然也可以认为它的引力在那里已经不存在了。人类认识自然界总是通过观察或实验,如果所有的测量手段都无法感知这类物质的存在,我们当然也可以说它不存在了,但是在逻辑上说它依然存在也没有什么不对。也许这就是我们对以太的一种新的理解。以太是充满整个空间的物质,但是这是一种非常复杂的物质,它不是由实体物质组成的连续介质,而是由空间连续的场与波所组成的特殊的物质形式。这类全空间连续的物质形式的最基本的性质就是它们的空间叠加性,这种性质使它们之间不会产生相互作用。也就是说,场与波是与实体物质的自身存在和运动形式相依存的,实体物质自身存在的多样性以及运动形式的多样性造成了场与波的更加复杂性和多样性,但是它们都有一个基本特点就是布满整个空间和相互间的线性叠加性,这种特性使得不管有多少种场与波它们都可以互不相干地存在于整个空间。所谓以太实际上就是所有这类特殊的物质形式的总和，我们把这类物质统称为"暗物"，而把相应的实体物质称为"实物"。不论实物和暗物都只是一种统称，它们有各种不同的形式。我们已经指出的暗物不管有多少种，它们都互不干扰地存在于全空间中，这也就是说所谓以太既不是单一的也不是均匀的物质，它是性质各不相同的物质的复合体，但是对于每一种暗物来说，其他暗物的存在并不影响它自身的存在和运动特性。暗物只能与实物进行相互作用。**实物的最主要特点就是它对于空间的占有性**（或爱因斯坦所说的局域性），它占有一个特殊的局域空间。两个同一类的实物不能存在于同一空间，当它们接近时就会通过各自的背景场和波产生相互作用。一般说来背景场产生的是引力，这是一种粗略说来与平方呈反比的短程力，所以实体物质的存在形式必然有一个最小空间的极限，超过这一空间极限，强烈的相互作用会使物质产生非线性的或不可逆的变化。与实物的运动相联系的波一般说来会产生实物之间的斥力，这种斥力是长程力，它随距离的变化要比引力缓慢得多。

同样，物质运动是一种与物质自身存在不一样的形式，物质自身存在从时空逻辑上说是可以与时间分离的，我们可以用每一个瞬时 t 来描述物质的自身存在形式。但是任何一种真实物质的运动形式都不可能在一个瞬时 t 上得到完整的描述，而只能在包含瞬时 t 的一个时间间隔 dt 内才能够获得关于物质运动的完整信息。牛顿理论中的物质不是真实的物体，而是一种理想化的物质——粒子。对于这种理想化的物质来说，物质的运动简化为物质的位移，其实体物质的存在形式在运动过程中除了位移没有任何其他的变化，如它的质量和形状都保持不变。在这种情况下，它的运动形式在 dt 足够小时，物质运动位移是线性的，所以我们可以让 dt 趋于零，同样也可以得到 t 时刻的运动特性,这就是为什么牛顿理论框架下时间和空间是可以分离的,并不是牛顿时空框架下假设了绝对空间或与运动无关的时间和空间等等,而是它定义的力和运动定律所决定的,或者说是因为它定义了物质的性质和运动定律所决定的,这三者中只要定义了其中两个,第三个的性质也自然确定了。牛顿的物质定义可以使物质存在的空间趋于无穷小。

当我们考虑实际的宏观物质时,只要求这种宏观物质是电中性的,允许物质的形状和质量可以有线性范围内的变化,即允许在小的时间间隔内发生可恢复的变化,而不允许发生不可恢复的变化。这样,这一物质的存在空间必须在大小上有一个限制,这是物质的物理存在所必需的条件。所以要精确描述物质运动,一定要有一个确定的最小空间和时间间隔,一旦超过这一极限范围,物质的性质也就变了。要描写宏观物质的运动性质,除了实体物质的位移外,还必须考虑宏观粒子的形变所产生的作用,正像在第三章所讨论的那样,形变力会产生波。所以物质的自身存在有两类互相依存的形式,实物(局域上的质和形)和背景场(在全空间上连续分布的无旋场)相类似;物质的运动形式也存在两类相互依存的形式,位移(矢量形式的动量)和波(具有能量辐射的旋量场)。

实物也有各种复杂的存在形式,但是它是分层次存在的。与牛顿理论框架相联系的电中性的有质物质是人类直接观察得到的实物形式,所以也是物理学中首先形成自洽理论的那种物质存在形式。当然有质物质本身还有不同的层次,巨大的宏观物质如宇宙中的各种星体就是这类实物。牛顿的理论描述中这类实物的运动有极高精度,这是由于和这类实物之间的更加巨大的宇宙空间相比,星体更像一个点,它由变形所产生的波对于实体物质运动的影响必然很小,所以宇宙中的引力波即使存在的话也只是一个衰减很快的波。对于宇宙运动直到现在物理学家们还无法测定它的存在。

对人类来说,太阳系不但是由间隔很大的粒子所组成的,而且也是很稳定的,牛顿理论在近四百年里一直被认为是整个自然界的普遍规律,但是实际上只要两个空间的实物发生碰撞,如小行星碰撞地球,牛顿定律马上就不适用了。但是在巨大的星体内部实际上还是由各种中性粒子所组成,不论固体、液体或气体基本上依然是由牛顿定义的电中性的有质物质所组成。在那里,有质物质同样具有空间的占有性,粒子之间仍有比粒子大得多的空间,但是在那里碰撞是正常发生的,引力以外的力起很大的作用。实际上只要在气体中引力还发挥着主要作用,就可以定义一种理想气体使牛顿理论依然适用。而在液体和固体中,单一的牛顿理论基本上都不能再用来描述它们的运动过程。在那里,不能再认为实物之间只存在牛顿引力,而必须加入非牛顿力。

物体之间的非牛顿力的存在,或者说非牛顿力对于物质运动的影响被人们所观察到,实际上比牛顿引力更早,亚里士多德的运动理论实际上就是从非牛顿力引申出来的。在人类的原始生活中,人们首先体验到的不但不是单纯的牛顿力,而主要是非牛顿力了,但是这个力的形式太复杂了,人们无法把它描述清楚。牛顿把引力从非牛顿力中分离出来,标志着人类对自然界的观察和认识能力进入到了一个新的层次。而对非牛顿力的描述则是更困难的一件事,连续介质力学本质上就是研究牛顿的电中性实物之间存在了非牛顿力时的物质运动情况,这时非牛顿力的物理内涵、它所引起的运动形式及其相应的有旋力和波就成了主要的研究对象。**这是一个极其复杂、极其重要的领域,其复杂性在于实际上这时候第二个层次的物质运动形式已经和第一层次的物质运动形式耦合在一起,而且是不可分离的联系在一起。所以,当第二个层次,即带电体、电磁力和波从宏观物质的复杂运动形式分离出来,并进行独立的研究时,情况反而要**

简单得多了。只有在电磁场理论的研究过程中，我们才真正了解暗物的存在和运动规律，才建立起类似于牛顿理论框架的对于纯的场与波的逻辑自洽的理论框架。

与宏观物质不同，电磁场理论中的实物是带电体。由于宏观物质总体上的电中性，使它的引力场具有整体的相加性，而波主要存在于介质之中，它与波相联系的力实际上是与物质的第二个层次的作用耦合在一起的。而单独的电中性物质的引力波是衰减波。把第二个层次的物质运动形式独立出来后，我们可以看到，它的引力场（即空间电荷场）由于整体的电中性而只存在于局部的电分离（极化）区域，而它的波恰恰由于电的两极性而可以在真空中传播，成为物理世界中最重要的一种物质存在形式。**光是人类生活中最重要的物质基础，由于它是一种暗物，虽然它与牛顿的实物一样是人类生活中不可须臾离开的，但是人类对于它的了解比对有质物质要困难得多。**

我们相信物质世界的运动形式是复杂的，从对于宇宙的观察和在高能加速器的实验观察中，我们已经观察到各种各样的琳琅满目的基本粒子世界，这些对于深层次的物质世界的观察无疑是我们今后深入了解自然界的复杂性极其珍贵的感性材料。但是我们总是以为那些粒子是物质更深层次上的存在和运动形式，本来它们只是稳定地存在于物质的更深层次的内部，是强大的外力使它们从物质世界的深层释放出来到宏观世界来做客。积累那些深层次的物质世界运动规律的资料是人类今后的科学发展基础，但是要真正了解它们时空几何所制造的方程式是不可能胜任的。

我们相信，用复域的时空关系是可以把那些相对论的时空假设变为一种严格数理逻辑结构的。在时空关系的复域分析中，在实轴上的运动规律就是牛顿的物质运动规律，所以我们把它叫做实物；在虚轴上的运动形式就是场与波，本来可以叫虚物,但是考虑到物理学上习惯的暗物,觉得还是暗物的名词比虚物好,免得造成虚无缥缈不是真正物质的一种的错觉。最后把物质这个词用于表示哲学上的物质概念,或者作为物理上的所有物质的抽象的总称。对于实物和暗物,大部分问题在第二章和第三章中已有讨论,所以这里将着重讨论复空间中实物与暗物变换过程中的数学逻辑和相互作用的物理概念问题。

§5.2 实物

这里所谈的实物是一类物质的总称,它不再是物质世界的全部,而只是其中的一类。

实物具有下面的基本特性:

(1)实物的空间占有性

空间占有性是实物的基本特性之一。这是指实物不仅分布在一定的局域空间上,而且占有了这个局域空间,凡是已经被某个实物占有的空间就不允许其他的同类实物存在。

(2)实物的分层性

实物的空间占有性也就必然会有分层次存在的特性。实物的分层性是实物多样性的一种必然形式。如果实物没有分层次存在的特性,这个世界上必然只有一类物质存在。实物的空间占有性是同一类实物的空间不相容性,而实物的分层性则保证了物质世界的多样性和无穷尽性。

(3)实物的物理存在和逻辑存在

实物的物理存在是物质世界多样性的一种存在形式,人类可以感受或相信这样的存在。人类最直接感受到的存在当然是自己的存在,每个人的存在首先必须有一个完全属于自己的空间,但是每一个人的空间内可以而且必须接纳另一类比它低一层次的实物:阳光、空气、水和食物。同时每一个人还要被接纳为另一个高层次的实物存在中的一员,如家庭、社会和国家等等，一个人不可能单独存在。但是这一讨论把我们引入了哲学和人文科学的范畴，人类社会是一种最复杂的存在形式。生物体也是一种极其复杂的存在形式，让我们回到物理学范畴的物质存在。但是物理学范畴的物质存在同样具有双重形式：一重是物理世界的客观存在，这是人类可以感受到的或者相信的那种物理学中的哲学存在，它是无限广阔、无限复杂和无限久远的，这种存在同样是人类只能凭感觉和信仰去获得的存在；另一重就是人类通过实践和逻辑获得的物质世界的逻辑存在。对于实物也是一样，它的物理存在是逻辑存在的根据，而逻辑存在则是人类对物理存在的一种描述，我们希望这种描述具有逻辑自洽性，更希望这种逻辑自洽的描述与人类对于物理世界的观察结果能够建立起正确的关系。实际上物理学研究的对象是物理世界的物理存在，而能够获得的结果却只能是逻辑存在。当我们来描述实物的存在形式时，它所研究的对象当然是这一类物质的物理存在，而表达的却只能是它的逻辑存在。下面我们所要做的就是关于实物的逻辑存在的数学形式。所以，在研究关于实物数学形式的定义和方程式时，最重要的是正确认识它的有限论域性。不懂得逻辑存在的数学形式所能够和应该的适用范围，有时候还不如什么都不懂好！什么都不懂只是不懂而已，懂得了一些物理世界中的逻辑形式而不懂得它的适用范围，就会危害别人，并把人类的认识和信仰引向错误的方向。

我们只能描述事物的逻辑存在，它是有条件的，或者说都是具有有限论域的。而实物的物理存在则要复杂得多。一般说来，在高层次的实物存在中总是也包含低层次的实物存在，但它的影响往往可以被忽略，如我们在讨论宏观实物的运动中一般可以不计自由电子的质量；而低层次的实物运动中一般把高层次的实物作为外部条件，如边界条件或外部的背景场等。

（4）实物存在的基本数学表达形式

实物存在的基本数学表达形式主要就是表达它的局域性。由于它的局域性我们可以在欧氏空间的局域上表示它的存在形式。这就是我们在第三章中已经讨论过的对于粒子的描述；这里的实物粒子是有大小和形状的，还有一定的密度分布的，且随时间和空间都可以变化的。第 j 个粒子可以如第三章中的描述为

$$m_j(t) = \int_{v_i} \rho_j(\boldsymbol{r}', t) \mathrm{d}v' \tag{3.13}$$

其中：

$$\rho_j(\boldsymbol{r}', t) = \begin{cases} \rho(\boldsymbol{r}', t), & |\boldsymbol{r}' - \boldsymbol{r}_j| \leqslant \Delta r_j \\ 0, & |\boldsymbol{r}' - \boldsymbol{r}_j| > \Delta r_j \end{cases} \tag{3.14}$$

这里，r' 表示实物所在空间，常称为源空间。因为在物理学上一般总是把实物作为暗物的"源"。它在场空间的位置用 r 来表示，这里只标出粒子的中心位置 $\boldsymbol{r}_j$，为简化起见，只写出下标 j，$m_j(t)$ 表示第 j 个粒子的质量。$\rho_j(\boldsymbol{r}', t)$ 为粒子的密度分布，密度是一个局域函数，看起来像是一个半径为 Δr_j 的球，但是实际上是一个分布的函数，可以表示任何形状。对于任意的 i 和 j 都有 $\Delta r_j \ll |\boldsymbol{r}_i - \boldsymbol{r}_j|$，即粒子的大小远远小于任意两个粒子之间的间距。这样我们把所有的实物都看成很小的粒子，即使像地球那样的庞然大物，与它的周围空间相比也是极小的。但是这种模型下可以分层次进行研究，研究地球上物体的运动时可以不把地球看成粒子而是作为边界条件或外加的背景场；再进一步研究流体或固体时，可以把分子或原子作为粒子，它们与粒子周围的空间相比同样是很小的。

当然我们也可以用牛顿的理论来描写实物，这就是只有质量没有大小的质点。但是应用这一抽象化描述时，必须注意，万有引力和运动方程在这个无限小的点上是不适用的。牛顿定义了这样一个抽象化的没有大小的点，但是在实际运算时必须把

这样的点给去掉,代之以一种可以称为边界条件的确定性的条件。当两个质点碰撞时,两个无限大的力作用在一个没有大小的点上,该怎么处理呢？每一个有理性的人都会用一种确定的方法来代替它,牛顿对于碰撞是用第三定律和在此基础上的动量守恒定律来处理的。实际上这个定律就在这个点上给定了一个确定的边界条件。爱因斯坦也是一样,当他用广义相对论来描述引力场时,由于没有对引力场的范围没有给出最小值的限制而产生无限小的奇点时,他引入了一个可以使方程有确定解的宇宙常数,而避免宇宙运动的不确定性。当然这种宇宙常数也不能精确描述物质运动,到晚年当他面对着从广义相对论所引出的种种奇谈怪论时,他曾忧心忡忡地表示也许需要另外的一种理论来代替他的相对论。

（5）实物的可视性

可视性是实物存在的最基本的特性之一,也是我们把物质**分为实物和暗物的直接依据**。所谓实物意思就是实实在在的、看得见摸得着的、有质有形的东西,这也是我们把与它对应的物质存在称为暗物的一个理由。但是我们现在知道**所谓可视性,实际上就是空间占有性的一种直观表示**。只有相对稳定地占有了一定的空间,才谈得上可视性。但是这里的可视性必须从人眼的直接可观察性延伸到所有空间形状的存在性,因为人眼的可视范围实在太有限了,我们把能够通过任何间接的方法获得空间的局域形状或大小的物质都称为实物。

（6）质量

质量是与描述实物运动状态联系的表征实物主要特性的一个量。由于对实物运动状态的描述与暗物有不可分离的联系,我们将在讨论了暗物以后再来讨论。这里只简单地说明一下,实物的运动是与作用的形式分不开的。对实物的作用一般用力来表示。一般说来对它最主要的作用来自同类实物的背景场,这类场所产生的力是无旋场力,也就是类似于牛顿理论中的引力。一般说来,描写外力与外力作用下粒子运动状态改变之间的关系的量,称为惯性质量,表示该实物抗拒外力保持运动状态的能力。在只有引力场的情况下,这个质量等于从由该实物的存在形式所能产生的引力而定义的质量。这就是经典力学中所讨论的两种力的等价性。在同时考虑实物运动所产生的有旋力的情况时,两种质量的定义就不可能等价了,因为有旋力的方向和其他性质都与引力不同。这就要重新选择对于质量的定义。**按照已有的理论,质量是取惯性质量,即抗拒引力造成的加速度的能力。这样实物运动的质量就为随着速度增加而增大。**因为随着速度的增加,实物所获取的能量中就有了有旋力所产生的能量,或者说它所受到的力包含无旋力和有旋力两部分,而只有无旋力部分表现为实物的加速度,有旋力则表现为实物的另一种运动形式——波动性。这一问题涉及的面太广了,既与质量速度的相对论关系有关,又与实物的波动性有关,这样与相对论和量子理论两大领域有关的问题,我们将在以后再详细讨论。

§5.3 暗物(或虚物)

暗物(或虚物)是与实物相反相成的组成物质世界的另一类物质的总称。暗物与实物具有许多相反的性质,但是人们对于暗物认识要比对实物的认识更少。

暗物具有下面的基本特性:

(1)暗物的空间共容性

空间共容性是暗物的基本特性。这一性质正好与实物的空间占有性相反。它是暗物的其他性质的基础。每一种实物不论它的自身存在形式,还是它的运动形式,都有相应的暗物与之对应。但是与实物不同的是,与它们相联系的暗物之间都是空间共容的,因而暗物是不分层的,在整个空间内组成了也许可以称为"以太"的物质。这种物质是布满全空间的，以后我们仍把所有暗物的集合称为以太，而把以太中的每一种具有相同性质的物质称为一种暗物。所有不同性质的暗物在同一空间中也是互不相干地存在。也就是说，以太是一种特殊的物质的集合，这些物质布满全部空间，存在于以太中的每一种暗物都保持自己本身的性质而不受其他暗物的任何影响。

（2）暗物的分类：背景场与辐射场

暗物可以分为两类：一类是与实物的自身存在相对应的，我们称之为实物的背景场；另一类则为与实物的运动相联系的，称之为辐射波。

背景场就是牛顿所寻找的物质与物质之间发生相互作用时所依赖的东西。牛顿说一个物体把相互作用和力通过虚空作用于另一个物体是极大的荒唐，但是在他的时代又没有一种数学方法可以描述出这样一种物质存在，所以就不得不临时性地依靠超距作用来表达力的数学关系。所谓背景场是指这种场是实物存在的一种背景，所以它与实物之间的空间关系是不变的，它的运动也是与实物一起的，即在运动过程中它与实物的空间关系总是保持不变的。所以说背景场的传播速度是没有意义的。但是它是传递实物与另一个实物之间的相互作用的，这种传递相互作用的速度是瞬时的。因此它看起来好像有了无限大的"速度"，其实这是没有意义的，因为相对论中假设了一个光速不可超越性把人们的思维搞糊涂了。实际情况只是：一个球形的实物带有一个与距离（半径）平方成反比的背景场，在空间中保持不变的形状，一起运动，就那么简单。任何一个具有最初等的思维能力的人都可以想象得清清楚楚。不管这个背景场延伸得多远（因为从逻辑上说它的延伸没有限制），都不存在逻辑上的困难，因为这一场的分布是与半径平方成反比的，随着距离很快地衰减，即使到了无限远的地方暗物的总量（物理上说是指总能量)仍是常数。当实物转起来,这些暗物也跟着转,在逻辑上很远很远的地方,它们的速度就会超过光速。为什么一定不可以呢?背景场是与实物的自身存在相联系的。实物的自身存在只是一个没有方向性的标量,所以背景场本质上也只是一个没有方向性的标量,当然在相互作用中看起来是一个矢量,我们把它称为"一维"的矢量。背景场只存在能量而没有动量。

辐射场也就是波,它是与实物运动相联系的,波的产生是一个不容易说得很清楚的问题:只有实物在运动过程中与那类波发生了相互作用,交出能量给波才能产生更多的波,相反如果吸收了波,就会使波减少。所以如果本来就没有波,就无法进行相互作用,也就无法产生波。但是我们不必为此而担心,正像是先有鸡还是先有蛋一样,反正人类诞生以前很久很久,宇宙已经充满"以太"了,鸡和蛋都已经有了。但是在逻辑上我们不论在讨论电磁波的产生或传播的时候都要先假定已经有了这样的电磁波。这是电磁场工程科学家早已清楚的,讨论一个振荡器时,必须假定有一个初始的波,在计算电磁波的传播时也必须有初始的电磁波,如果初始值是零,就什么也算不出来了。总之,波是一种与背景场不同的暗物,它不仅有能量还有能流,因而在一定意义上,它也许还可以有与动量相对应的物理量,但是它的动量不论物理内容或数学形式都是极端复杂的。

波也许是一种非常复杂的物质形态,但是我们现在只知道与最简单的两个层次实物(中性物质和带电粒子)相联系的波:中性粒子的波(力学波)和电磁波。我们在前面已经简要地讨论过这两类波。它们都是"二维的矢量"场。它们大概都与极性有关,有了极性才能产生散度以外的力。也就是说有了极性才使外积与某种物理存在产生确定的对应关系。当然这种外积是指三维物理空间上的外积,任何非三维(不论大于三维或小于三维)的空间上的外积没有物理内容。

（3）暗物的物理存在和逻辑存在

我们前面讨论的暗物主要是讨论它的物理存在,暗物的空间可容性和背景场与波两种形式是暗物物理存在的主要形式。当然那里的有些分析就已经超越物理存在的范围了。物理存在是逻辑存在的物质基础。也就是说,暗物与实物的相互联系性所造成的背景场和辐射场两类不同的形式和暗物与实物的对立性所造成的空间可容性,这两点是暗物物理存在的主要内容。它是所有暗物逻辑存在的基础,即是我们描述暗物的各种数学形式和产生各种理论的根据。

暗物的物理存在中不需要无穷大和无穷小的概念,即不必去讨论暗物的连续性还是局域性的问题。因为如果一定要把那些特性加在客观实在上面有时候会产生完全相反的效果,但是这些性质在暗物的数学分析中却是常常用到的,没有这样一些数学性质我们又不可能建立任何理论。所以逻辑存在当然是必要的,但是任何逻辑存在,即对暗物的逻辑界定中一定要强调它的有限论域性。对暗物来说我们说它线性叠加性,是指在不考虑实物存在的情况下,一旦实物存在,暗物之间就可以通过实物进行相互作用;我们常常说它有空间连续性,这也只是暗物空间共容性的一种数学描述,当追究它的产生过程时,它却是以一个一个有限的能量子的形式产生的,也是以一个一个有限的能量子的形式被吸收的。总之,只要一涉及暗物与实物相互作用时它的那些性质就要受到限制。但是我们现在实在还搞不清楚很多很多问题,**我们的逻辑存在以及由此给出的数学表达式都是对于那些现在已经得到一些与感性材料能够建立正确结果的有限论域才成立的。**实际上,只要一涉及相互作用,特别是与实物个体的相互作用,一切就都变得难以把握。但是我们相信从这样一条路进入量子领域比从时空关系进入量子领域要实在得多。

（4）暗物的数理逻辑及其对于科学的影响

暗物的数学表达式实际上也就是暗物逻辑存在的一种表示，而逻辑存在只是为了描述物理存在的某些形式。暗物的共容性给暗物的逻辑描述带来很大的困难。因为共容性把各种不同性质的暗物都共容于同一空间中，我们现在还无法用一种确定性逻辑自洽的数学方法去描述这种共容于一个空间的"以太"，我们只能描述暗物中那些可以按一定的数学形式叠加的那些暗物。也就是暗物的共容性从数学上说也可以称为暗物的可叠加性，但是这种可叠加性可以具有种种不同的数学性质。对于普遍的，即任意暗物之间的可叠加性，我们还没有一种在时间和空间上统一的逻辑自洽的数学形式来表示它们。它的困难就在于时间和空间有联系的那种叠加在数学形式上是非常复杂的，可以肯定任何通过僵化的四维空间几何来建立的叠加是没有物理内容的，也就是说这种数学上的四维空间几何的逻辑结构不满足暗物之间的在时空叠加的逻辑关系。

但是我们可以分别来讨论某一类暗物之间的叠加关系，寻找它们的逻辑结构：我们只能讨论同一类暗物之间的叠加性，不同类暗物（力学场与波、电磁场与波）之间的叠加性似乎很难找到同一逻辑界定，我们这里不予讨论，这里只讨论同一类暗物的叠加性。同一类背景场之间的可叠加性只是空间的叠加性，由于没有时间的参与，所以形成了三维几何空间上的几何叠加，这是一种很简单的逻辑关系。引力场的叠加性是最特殊的例子，所有的实物产生的引力场都可以按三维空间上的标量加法叠加在一起，所以可以形成巨大空间范围的统一的引力场位函数。带电粒子的背景场（空间电荷场）由于存在极性，所以满足三维几何空间上标量的加减法的叠加原理，实物总体的电中性，使它只存在那些极化的局域区间内。同一类波（力学波或电磁波）之间的普遍的，即任意不同频率、模式、不同初始相位的波之间的叠加性大概只有能量的叠加性；所能得到的就只有一个标量的噪声电平。

同一频率，任意相位关系的波之间可以得到时间平均的空间能量分布，这也就是所谓的波的干涉现象；同一频率且满足相位相干条件的波才可以进行时间和三维几何空间上波形的叠加，电波传播就是研究这类问题的一个学科，这里还涉及许多问题，最重要的一个是频率的问题：所谓同一频率又只是逻辑概念而不是物理概念，物理上没有绝对的单一频率；另一个就是信息的问题，信息就是有确定时空关系的波所具有的一种属性。相干波的频域与时域的表达，是两种既有联系又不相同的表达形式，只有在理想条件下这两种表达形式才能够进行等价的变换。

大家都把现在的社会称为信息社会，但是在信息和波传播的基本物理问题我们实在还没有理出一个头绪。现在技术上掌握的只是单一模式的在一定频宽范围内"线性电磁波"的各种转换和应用，所谓线性电磁波是指频率和幅度的变化符合某种准线性关系的电磁波。但是仅有这些就已经足以使信息产业成为社会上规模和影响最大的产业。**信息社会已经为人类提供了认识自然界的全新的工具和方法。现在的理论物理学家从理论上说应该是一批掌握对于自然界的最高深知识的人，但是却不大了解和关心信息技术对人类从自然界获取和分析知识的方法，而信息科学技术工作者则更是必须面对瞬息万变的市场，也不可能有精力去理解信息技术对于人类了解大自然和人类自身的思维方式所产生的巨大影响。现在我们所做的工作从形式上看是要结束与爱因斯坦的名字联系在一起的相对论时空框架对物理世界的束缚，重新建立以物质运动规律为基础的物理世界。爱因斯坦也确实提出了一些常人很难准确理解的假设，那是因为他要解决的那些问题，在当时情况下是无法用已经确定了的思维模式去解决的。但是我们可以看到，正是爱因斯坦最敏锐**

地感觉到我们现在所提到的几乎所有的那些关于物理学和人类思维相关的基本问题，我们现在描述暗物和获取信息中必须把时间和空间联系在一起的思想就是相对论的最基本的思想。当然由于当时的历史条件，他不可能说清楚那些具体的物理关系。

（5）暗物的基本数学表达形式

所谓满足叠加性原理的那些暗物，不论对背景场还是辐射波（当然这里指相干波），描述它们运动形式的基本方程组都是矢量偏微分方程，关于矢量偏微分方程在文献[7]、[8]中有详细讨论，它们既有共同性又有差别。但是总的说来就是它们都不能直接在欧式空间上通过对笛卡儿坐标的基矢方向的分离来进行求解，而必须在矢量偏微分算子空间的子空间内进行分离，分离成标量波动方程后才能求解。所不同的只是对于背景场来说它的时间微分部分为零，因为背景场是表示实物存在本身的一种外延性质，它当然也是可以随实物一起运动的，但是其形状是不随时间而变化的，所以波方程中时间微分项为零，简化为拉普拉斯方程。而波是由两个模式所组成，基本的方程都可化为标量波动方程，但标量波动方程不能直接求场，而只能求态函数，再通过对态函数进行不同的矢量偏微分运算后才能得到场。背景场退化为拉普拉斯方程，所以对于背景场来说，它的数学形式也退化为可以在欧式空间内求解，即时间可以从方程组中分离出来，这就是牛顿理论框架中时间和空间的分离形式。而对于波来说，它的运动形式中时间和空间是不可分离的，单独说某一时刻的空间分布或单独说某一空间位置的时间分布，虽然也可表示出来，但是那种形式不反映物理性质。但是如果把波用复数形式表述，它的解在复域上时间和空间是可以分离的。这就是爱因斯坦批评牛顿时空观的主要内容，这一点爱因斯坦是对的，光有这一点爱因斯坦对科学发展就做出了不可估量的贡献，但是他把时间和空间的联系固定为光在真空中的传播速度，虽然也能解决一些牛顿框架下难以解决的问题,但这种解决方法的逻辑不严密,不是一种真实的物理关系。

在表达实物的运动形式时,必须采用拉格朗日方法,在欧氏空间中对确定的局域分布的粒子来求解,所用的参数都是一些经典的参数,像速度、加速度、轨迹等,这时,所有的场都要表示成欧氏空间中的力。而表达波的运动形式时,实物运动的量必须首先变换为矢量波函数空间中的射影,才能在矢量波函数空间内进行自洽的求解。如果直接在欧氏空间中求解场,虽然经典场论中确是这样做的,常常需要做些近似变换,会产生一些误差,虽然经典场论的大量经验积累,已相当好地解决了一些实际问题的求解,但是要进一步严格化求解就不可能了。为了更严格地描述波与实物的相互作用,为了更精确地描述复杂的与波相作用的实物粒子的运动过程,如漩涡运动下的实物运动、等离子体中的离子运动等,也为了从相互作用过程中获得更多的信息,严格的现代电磁场理论是必需的。

（6）波的不可视性

与可视性是实物的最直观性质相反,不可视性作为暗物的性质却并不容易为人们所理解,因为我们看惯了大洋中的海浪、大地上的麦浪,总是把这些与波联系在一起,其实这些表面的起伏确实具有波的某些特性,但是它们都不是物理上的波,物理上的波是三维空间内的某种能量传播过程。人们可能更不能理解光的不可视性,因为是"光"才使我们看到了一切,但是光确实是不可视的:我们看到的都是发光体的空间形状和颜色,如果我们看到了充满整个空间的光,就会像大雾天一样,什么实物都看不到了。波的不可视性是波的空间连续性的一种直观形式。

（7）波运动中的物理量

由于暗物有空间共容性而没有占有性,因而以空间位置为特征的物理量都失去了内容,波的速度与实物速度是完全不同的概念,波没有加速度,所以惯性质量自然没有物理内容。波是在与实物运动之间的相互作用中产生,存在并被吸收的。实物与暗物之间的共同的物理量就只有时间、空间和能量。但是由于波是在与实物的相互作用中产生,并在与实物的相互作用中消失的,所以研究波与实物的相互作用是物理学中的一项重要的内容,在相互作用过程中总是要对两种不同形式的物质存在进行比较,而比较过程中总是喜欢用人们已经熟悉的实体物质在欧氏空间中的物理量作为标准,来寻找波函数空间中的暗物能与之对应的量。这些比较有时候会给我们带来一些方便之处,但是更多的是带来一些错误的概念。这些错误概念之一就是速度,在第二章中我们已经讨论过了,由于概念的不恰当造成物理学的混乱。现在有很多人都在做各种快光速、慢光速、零光速以及负光速的实验,在所有实验中只是光路(或微波电路)的其中某一段有了稀奇古怪的光速,而整个光路中其他地方还是光速。这是什么意思呢?我们只要相信在光路的任意截面上功率是守恒的,那么这些速度是什么意思呢?当然为了说明光速不变性的原理是不存在的,这些实验是有意义的,但是这些实验中大多数并不是物理上的传播速度,而是从一些公式计算出来的,这些公式就是爱因斯坦所说的 19 世纪末那些想把麦克斯韦理论放入牛顿理论框架的科学家们所做的工作。其实从更简单、更直接的物理原理就可以辨别哪些结果具有合理性。还有一个更大的问题,似乎很难为一般人所接受,那就是那种有质有形的光子是不存在的。光从本质上说只是一种波,但是这种波也是从实体物质中,也就是从电子中,一份一份地辐射出来的,也是一份一份地被吸收的,每一份就是一个光量子,这其实是很正常的事。波也和任何其他物质一样有一个最小的单位,也可以是不连续的。我们从来没有把连续性和与此相联系的无穷小的概念加给物理实在。我们为了逻辑分析时才引入无穷小的概念,这种无穷小的概念是有条件的,那就是考虑的问题中有足够多的光量子。但是这丝毫也改变不了光的波动性,每一份光量子依然具有波动性,它依然没有空间占有性,没有可以测量得到的大小,不会与其他光量子发生碰撞。这些性质是我们生活中时时可以感受到的,如果光具有实物粒子那样的性质,不同方向来的光子发生作用和碰撞,那么我们就什么也看不清楚了。

波运动的本质和概念实际上直到现在还没有被物理学界所接受,深入研究和发展波运动的理论同波与实物相互作用的理论是物理学理论的一个至关重要的问题。

§5.4 实物与暗物的数理逻辑体系

从科学发展的历史可以看到,一个合理的物理逻辑体系对于科学技术的发展会产生巨大的促进作用,而一个错误的物理逻辑体系是对科学发展的极大阻碍。但是实际上物理逻辑体系的合理或错误不仅是由逻辑体系的内容,还是由时代发展所造成的。每一个在科学发展的历史上起过作用的物理学的逻辑体系,在当时都是引领着科学发展的历史前进的,但是等科学发展到一定时候,产生了大量的新的感性材料为原来的物理逻辑体系所不相容的时候,这个理论体系就成了科学发展的障碍,这时就必须有新的数理逻辑体系来代替它。

那么爱因斯坦的体系对于科学发展的障碍主要体现在哪里呢?我们以为最基本的问题就是它的相对性原理,即"任何物理学定律都具有相同的形式",其他的一切都是枝节性的问题。这个被称为相对性原理的观念其实不是爱因斯坦发明的,也不是牛顿发明的。最早是伽利略提出来的,他说在惯性系统中所有物理学定律不变,牛顿也用了这一原理。在伽利略和牛顿的时代,物理学实际上就是力学,所以这一相对性原理与当时人们所认识到的物理现象是一致的。爱因斯坦的时代出现了麦克斯韦理论,使这一相对性原理产生了动摇。承认物理定律有不同的形式对于一般人说来也许是一件简单的事,但是对于科学家说却是很困难的。在他们看来,科学好像是整个人类所创造的一件最伟大的艺术品,经过多少代人的不懈努力,眼看着就要完成了,而现在又突然要重新再来。更大的问题是对于一般人只要说一句"只不过是重新再来",但是科学家却不同,因为重新再来,到底怎么再来法,在他们看来,如果没有重新再来的途径,科学就要停顿了? 我们很能理解爱因斯坦的方法,他仍把任何物理学定律都有相同的形式这一当时科学家们的信念作为出发点,于是要给它加上新的条件;不再是伽利略坐标变换下的惯性空间中物理学定律保持不变,而是寻找另一种系统下的统一的物理学定律。这就是最早在狭义相对论体系下寻找的统一的物理学定律,在那里他找到了牛顿理论所不可能找到的两个关系:能量与速度的关系和能质变换关系。这一成功鼓励他去做进一步的努力,开始了广义相对论的研究。因为狭义相对论取得的只是局部性的成功,而并没有达到物理学定律可以用一个相同的方程式来表示的目标。所以我们认为物理学定律都能保持相同形式的观念是爱因斯坦物理观产生问题的根源。但是爱因斯坦在广义相对论中最后得到的只是些更不重要也不可靠的验证,并进一步得到了一些没有理性的结果,当然爱因斯坦拒绝了那些没有理性的结果,晚年的爱因斯坦开始感到他所创立的理论也许本来就应该是另外一种样子的。但是一些现代的"爱因斯坦"却坚持着追寻一个可以描述整个宇宙运动规律的、一个统一的方程式。我们相信这是不会有结果的。并不是说追求统一形式的物理世界的描述方法是件不应该去做的事,而是应该先把人类在工程技术、生产和生活中已经出现的大量的新的感性材料搞清楚,并且不能再用已经被生产实践所证明了的不可能成功的方法继续再做下去。我们说被实践证明不可能的事,就是指用光速 c 这样一个常数通过所谓四维时空几何来制造符合整个宇宙运动规律的方程式。

我们希望关于实物和暗物的概念会对物质世界的重新认识提供一个新的方向。特别寄希望于中国年轻一代的物理学家能够沿着这条道路重新获得作为中国人的自信和自强的精神。物质存在有两种相反相成的形式完全符合辩证唯物主义的哲学观,也符合所有的物理学的实验观察。当年牛顿在他的力学理论中只有实物,他一直为此而感到不安,他认为一个物体可以把力和相互作用通过虚空加给另一个物体是极大的荒唐,实际上引力场的存在已经早已为科学界所接受,只是碍于爱因斯坦的相对论才总是表示得那样暧昧不清。物质存在的两种属性,实物的空间占有性和暗物(或虚物)的空间共容性是迄今为止描述所有实际观察的最合适的表述。记得近半个世纪前,在清华大学刘绍棠教授讲光的波动性和粒子性争论时说,如果光是粒子,会像一般粒子那样相互碰撞,那么我们怎么还能看得见远方的景物呢?物质自身存在的空间属性和物质运动的时空属性同样是为所有物理观察所证明的,也是在曹盛林的著作中清楚描述过的,他研究的是芬斯勒时空中的相对论[2],在某些方面与我们有不同的观点。把实物和暗物组成一个完整的物理世界,有质物质的以质量、位移和速度等作为表征的实物运动特性和对应的以频率、波长和波函数等为表征的暗物波运动特性同样也已为信息社会的大量实践所证明,并且也已经有了大量的现代数学方法可以合理地描述这样一种物理理论模型,只是这将涉及很多繁复的数学形式。由于本书的性质,这里只宜作一概念性的介绍。

描述一个完整的物质运动过程,应该是描述实物的运动过程和暗物的运动过程的两个偏微分方程组的组合。虽然这一对方程组的自变量确实只是时间和空间,但是由于这两个偏微分方程组的形式不同,对于这样两个偏微分方程组的组合的数学性质也将完全不同于一般代数方程或者微分方程的联立方程组。在爱因斯坦时代把它看成是时间和空间的四维几何是完全可以理解的,这是由于那个时代还没有对于偏微分方程的一般数学理论,如线性微分算子、线性偏微分算子和函数空间的理论。很显然只有在把上面的问题加上极端的简化条件才有可能找到这一对偏微分方程组的组合与四维时空几何的某些对应关系。这就是狭义相对论所找到的物理关系。这种极端简化条件首先是把空间变为一维的,因为三维时空无法与时间找到对应的数学关系;其次还要对实物和暗物的运动作极端的简化,这样就可以把两个时空的偏微分方程组合变成两个以时间和某一维空间为独立变量的代数方程组,而这个代数方程组的独立函数中有一个也变换为质量。这样我们可以找到相对论质量速度关系的物理内涵。在那里,光速 c 既不是永远不变的、更不是不能被超越的一个宇宙间的唯一的特殊量,而只是在极端简化假定中保持不变波速。质量也是事先假定了与速度有某种简单的关系,这种质量与速度的关系也是在出现了与速度有关的非牛顿力之后所自然出现的。这在上一节中已经做了详细讨论,但在推导狭义相对论关系时还必须再做简化假定。除此以外,爱因斯坦相对论中的所有公设和时空关系都只是狭义相对论所需要的一些铺垫,并没有任何真实的物理内容。

也就是说在 20 世纪初,假如有人给了两个偏微分方程让人们去求解,而人们却不具有任何关于偏微分方程的知识,会产生怎么样的结果呢?当时的牛顿者们坚持牛顿的理论框架,略去了暗物的方程组,得到了时间与空间可以分离的方程组,对每个瞬时都可以计算出经典的结果。而爱因斯坦却坚信必须把时间和空间联系起来,而在其他方面做尽可能的简化,于是得到了时空联系的方程组和狭义相对论的结果。确实,爱因斯坦超过了所有 19 世纪末的牛顿者们！这就叫创新！原创性的创新！尽管当时据说只有三个半人懂得相对论,但是与实践的正确关系使人们不得不承认他的理论！到后来爱因斯坦把它推广到三维空间的时候,发展成了广义相对论,实际上在四维时空上的几何是没有物理内容的,不可能再得到任何与物理实在有正确关系的理论结果。所以实际上那时三个半人懂得相对论也是虚的,只有爱因斯坦自己可以算是半个懂得相对论的人。但是以后越来越多的人都懂得了相对论,不懂得相对论的人就不懂得科学,站在广义相对论最前面创造着各种光怪陆离的宇宙模型的人成了科学的权威。实际上真正具有正常思维的人是无法搞清楚这些权威们所搞的那些名堂的。

但是我们又不得不看到科学发展的曲折性。我们完全不应该把现在的思维方法用到爱因斯坦的年代。实际上科学是按着爱因斯坦所引领的道路经过多少曲折才到达现在的境地。下面让我们重新回到那个年代来回顾和终结爱因斯坦引领着我们所走过的道路。

第六章 相 对 论

虽然在前面的五章中并没有直接地讨论过相对论,但是每一章又都环绕着相对论,因为每一章讨论的都是物质世界的存在以及运动形式与时间和空间的关系。牛顿为了建立他的动力学框架提出了绝对空间的概念:**"绝对空间,就其本性以及与任何外在事物的关系而言,总是保持统一和不动的。"**与牛顿同时代的著名科学家莱布尼兹却认为:**"与物质客体相分离的任何空间概念没有哲学上的必要。"**我们认为他们的话都有一定的道理,在当时牛顿的观念获得了大众的公认,是因为没有一个空间的概念是很难去建立动力学理论的,**物质客体实在太复杂了,我们只能在哲学意义上去认识它的存在而无法从人类的认知意义上去描述它的存在。**每一个人只能从他所处时代的人类实践中去认识物质世界的存在和运动规律。所以如果我们理解莱布尼兹的话:并不是不需要空间的概念而是不需要一个与物质客体分离的空间概念,如果是这样,那么我们认为他的观念更合理。空间和时间不可能与物质世界的存在及其运动形式相分离,当然也不可能有空间和时间与物质存在和物质运动之间的相互作用和相互变换。它们只是同一事物共存的两面:**物质世界是空间和时间的客观依据,空间和时间是人类认识和描述物质世界规律的手段和方法。**所以在爱因斯坦时代的相对论作为一种人们认识世界的暂时的方法对于科学的发展曾经起过重大的历史作用,爱因斯坦本人极力避免他的相对论造成人们的正常的时间和空间概念的混乱,但是这个理论框架又使他不可能完全做到这一点。到 20 世纪晚期,某些广义相对论学者不仅把空间和时间与物质世界客体混同一体,让空间和时间变成能够创造物质世界的一种光怪陆离的怪物,这不仅是对科学的背离也是人类思维的大倒退。这样的理论与还没有建立严格哲学概念和数理逻辑语言的量子理论结合在一起,能够生产出什么样的怪胎也是可想而知的。

历史又一次在另一个层面上回到了布鲁诺和伽利略的时代:一个科学巨人创立了用时空关系来代替物质运动规律的暂时的理论,被一些人捧上了神学的宝座,成了阻碍科学发展的障碍。人们对他表示出无限的敬意和惋惜,因为他们的理论曾帮助人们走过了一段最为崎岖的科学发展道路。但这些都是历史的必然。任何一个历史的巨人不会因为他们应该退出的现实生活舞台,而被人们所误解或遗忘。

在面对科学未来的时候,让我们回顾一下爱因斯坦创立相对论的历史环境、它的基本的哲学观念和现在的某些广义相对论者失足的原因和教训,这对于科学的正常发展是有益的。

§6.1 狭义相对论的回顾和讨论

19 世纪所有物理学家都把古典力学看作是全部物理学的,甚至是全部自然科学的牢固的最终的基础。但是麦克斯韦电磁场理论的出现,使情况发生了变化。虽然多数人仍在孜孜不倦地把这一时期取得全面胜利的电磁理论也建立在力学的基础之上。他们想象空间中到处充满称为以太的连续介质,光线以及无线电波是以太中的波,但是把麦克斯韦理论与牛顿理论统一起来始终只是一个无法实现的愿望。首先是麦克斯韦的理论不可能满足伽利略变换的不变性,荷兰物理学家洛伦兹首先提出,为了使麦克斯韦方程组的形式保持不变,必须用一种新的变换来代替伽利略变换,这种变换后来就称为洛伦兹变换。其次,人们关注的是光速能否像力学中粒子运动速度那样随发光体的运动而变化,当然波速与发射体的瞬时速度不存在牛顿力学中那样的相加性。于是人们又关心传播光的介质（以太）相对于地球的运动速度与地球上发出的光的速度的关系，并想用实验测出地球相对以太的运动速度，而迈克尔逊和莫雷的实验否定了这一点，测量不出地球相对以太的运动速度。最有意义的工作是1897年卡夫曼完成了电子测速的实验，从这个实验中可以得出电子质量可以随速度而改变的事实。其实所有那些实验中除了卡夫曼的质量随速度而改变的实验以外，只要不坚持用牛顿理论而用现代电磁波理论都可以简单明了地给以解释。

尽管有了这么多的事实，但是当时的科学家包括发现了那些现象或实验结果的科学家都没有怀疑牛顿理论对于电磁波的适用性，而是用怀疑的眼光来看待那些麦克斯韦理论与牛顿理论无法相容的事实。

爱因斯坦在1905年写了三篇文章，建立了狭义相对论。他把洛伦兹变换看作是真实的时间和空间关系，建立了相对论，在科学发展史上揭开了新的一页。关于他的公设和那些类比方法，我们必须从历史的角度去看，在他那个时代实际上还没有任何扎实的感性材料和数学方法足以去建立新的物理世界的数理逻辑体系。爱因斯坦的一套令人眼花缭乱的时空变换最后的目的就是我们前面已经指出过的时空的"物化"过程。在流体力学中我们已经看到了力学家怎样通过微团模型在流体中造出微观和宏观的两重空间，实际上它的微观空间是粒子间的场的一种表示。爱因斯坦的时空关系也是实物（粒子）与暗物（波）之间的相互作用关系的一种表现，由于现在被"物化"不再是一种物（暗物），而是两种物（实物与暗物）之间的相互作用过程。所以，不得不搞得比以前要复杂得多。令我们感到惊奇的不是他的那些云遮雾障、扑朔迷离的方法，而是为什么他用这个方法确确实实地得到了至少被某些实践证明了的有合理性的结果，而其他人再用他的时空关系去推导与质量与速度（或能量与质量）关系以外的各种逻辑结果时,能得到被大家公认为有合理性的东西极少,而大都只是各种佯谬或无法找到实践证明的虚无缥缈的理论。这说明在他的时空关系的背后确实包含着波与实物之间相互作用的某种合理的关系。

至今他的方法还指引着高能物理技术科学的发展。当我们试图用波与高能粒子之间的相互作用,而不用任何时空相对论假设的方法来推导高能粒子与波之间相互作用规律的时候,仍然需要应用他的思想和理论的指引。更加令人惊奇的是,他的相对论关系居然应用到在高速飞行的气体动力学中,在喷气式飞机亚音速飞行接近音速时,质量出现类似于相对论关系的增长,但是这个相对论关系中光速被音速代替了。这确实有些令人惊奇,因为这一结果一方面说明了相对论逻辑结果不仅是合理的,而且对声波同样有用;但是另一方面正好也说明了他的逻辑结构不是真实的。看来爱因斯坦在晚年也感到了这个问题,否则他为什么强调逻辑结果,而对于相对论的逻辑结构只轻描淡写地说,这只是一种选择的自由;所以他自己提出相对论只是一个暂时的理论,会被别的理论所代替。

我们说相对论的时空关系的不合理性时,不要忘了爱因斯坦创立相对论的时代背景。这个时代离今天马上就要一百年了,而这一百年是科学技术怎样突飞猛进、日新月异的一百年啊!那时候电灯才刚刚问世,而电灯的发明人,20世纪公认为最伟大的发明家爱迪生,还顽固地反对交流电的应用,当然就更没有人知道电磁波真正精确的性质。在这种情况下,为了打破当时科学家所坚持的把古典力学看作是全部自然科学的牢固的最终的基础的那种僵化的科学观,爱因斯坦所提出的假设怎么可能是完美无缺的呢!当时爱因斯坦是无可选择的,如果直接提出牛顿力学是不完全的,质量不再是常量,而是可以随着物质运动而变化的,因而牛顿力学中所有的守恒定律也不再守恒了,如果光提出哲学式的观点,而没有相应的理论,这可能被接受吗?而历史已经证明从物理关系上来打破 19 世纪科学界对于牛顿理论的僵化,是一条比爱因斯坦时空相对论要艰难得多的路,在当时的历史条件下是根本走不通的,即使到今天,仍处于艰难的摸索过程中。

所以,我们觉得现在再来讨论狭义相对论的逻辑结构,它的公设、时间-空间关系、独特的相对论数学方法时,让我们像培根所告诉我们那样去做吧:"**所以,如果一个人的理解遭困难时,就让他研究数学吧!**"这里重要的是研究而不是演绎,当大多数物理学家已经忘记了研究科学语言的逻辑和哲学基础,而只会按着几个人所指的毫无理性的方向去演绎的时候,物理学就会不可避免地要出现新的危机了。因为狭义相对论的整个逻辑结构实际上只是一种为了获得狭义相对论的逻辑结果的暂时的方法。开始时爱因斯坦依赖很多的相对论公式,通过一对相对论性的全同粒子的碰撞来推导质量速度的关系。其实这一推导过程并没有严格的逻辑规范,而只是一堆杂乱无章的公式。好在已经有了卡夫曼的实验结果,最后总算是"推导"出来了。这样的事,在科学发展过程中是屡见不鲜的,甚至可以说是科学原创性的一个特点。科学的创新总是与为了打破封闭的旧逻辑体系而采用的一些大胆假设联系在一起的。如果没有爱因斯坦的狭义相对论的假定,这一结果是不可能"推导"出来的。因为麦克斯韦理论出来以后,人们还没有习惯去对付存在两种性质物质的物理世界。其实这不仅是一个物理学的问题,也是哲学和社会问题。人们总是宁愿有一个形式上统一的逻辑形式,尽管事实上它本身并没有合理的逻辑前提,也不愿意有一个没有统一逻辑规范形式的世界。卡夫曼从实验结果所得到的质量和速度的关系,由于没有任何"理论"依据,连他本人也感觉说不清楚,所以没有人认真看待这一结果,而爱因斯坦给了它一个证明这一结果的"理论体系"。尽管由于这一理论体系本身就是混乱不堪的,开始时没有人能够真正看得懂,但是实验证明这一结果比牛顿的旧理论更符合实际,所以渐渐地就得到了人们的认同。这就是在特殊时期,天才人物比常人高明的地方。但是这不是说人们以后就可以再也不要逻辑而把那些不合逻辑的假说奉为神灵了。爱因斯坦也是希望一步一步地摆脱这些杂乱无章东西的阴影,寻找更理性的方法,但是这种事情一般说来不是一、两代人所能够做到的。其实爱因斯坦在建立狭义相对论时,也尽力避免哲学上或逻辑上的困难,所以把狭义相对论建立在惯性系的基础上,所有惯性系之间是不会有第二次相遇的。也就无从进行不同惯性系之间的时间和空间的比较。但是要把它作为一种较普遍些的工具就不得不面对种种问题。为此,就像我们前面已经指出过的那样,爱因斯坦常常宁愿把相互矛盾的东西放在大众的面前,他曾明确指出狭义相对论的两个公设实际上是相互矛盾的两个假定,以后他又建立了四维时空,直接利用四维时空的量度公式,给出了动量和质量。在那里已经没有任何物理意义上的推导,所有的质量与速度、能量与质量的公式都是直接假定的。这里实际上只用了一个相对时间的公式,其实像在流体力学中常用的两个"空间"那样,我们也容易把一种时间看成是逻辑时间,另一个只是与运动有关的假想的以"时间"形式表示的某种运动过程。广义相对论的哲学和逻辑困难也都没有了。

直接把一个时空关系拿来用作物理关系,它就只能满足那个对应的物理现象。亚里士多德的天幕实际上只能用来描述对地球(或地球对它)做圆周运动的轨迹。除了这个其他什么物质运动规律都描写不了。**所以狭义相对论也是一样,除了粒子与波在极端的理想条件下的相互作用外,其他什么物理规律都表示不了。**现在我们不难用实物和暗物的相互作用来求得与狭义相对论同样的质量公式,因为这两个不同数学逻辑形式下的两个不同的微分方程组的组合,采用各种近似不知可以得到多少近似形式的结果,总能得到需要的公式。但真正有意义的不是这个,而是我们还需要更多的基于实际测量的感性材料。在两种物质形式下,一切物理量都需要重新研究和定义。仅仅是一个电磁波的速度现在还搞得一团糟:人们总是喜欢那种实际上并不能精确描述的与粒子速度相同的那种"光速",而不愿意去理解国际计量组织所提出的更严格的波速定义,因为根据那个波速定义,波速不再是一个矢量而是与空间位置有关的复数(标量)。波的质量从逻辑上就更无法定义了,因为如果一定要定义的话,它可以通过动量来定义,质量成了复矢量;也可以通过能量来定义,质量就是一个标量。这些做法实际上就是爱因斯坦所反对的把麦克斯韦理论纳入牛顿理论框架的做法,但是直到现在,实际上还没有一种能够不纳入牛顿理论框架的波理论。虽然我们的一些著作中已经初步提出了这样的理论框架,但是远没有得到实际的应用。在目前的情况下,做很多逻辑不自洽的理论框架下的理论研究,或在不自洽理论框架指导下的实验测量,还不如去搞清楚那些已经做过的在不合理的逻辑指导下的实验的重新认识和解释工作。例如,测量高能电子的速度和质量问题。速度显然是无法测准的,因为光的速度通过很多年的测量才达到了现在的精度,并且也是先有了光速的新定义以后才测出来的。接近光速的电子速度怎样才能够测得准?那么质量呢?实际上这更是无法测量的。要测量首先要有一个电子质量的定义,因为实际上电子有没有引力质量就是一个搞不清的问题,在所有的电子学理论中电子器件中的电子运动都与地球引力无关,因此也从来不考虑电子器件的放置方向所产生的引力对器件性能的影响,所以电子没有中性物质的那种引力质量,而是被电磁力的质量所代替了,在经典理论中所测量的荷质比实际上是从测量库仑力与直流磁场力联合作用下的电子运动中求出来的。在那里,这两种力是可以独立存在的,所以可以进行实验。现在在波的情况下,电和磁的力不再独立存在,那么怎样来实验呢?电子的惯性质量也不好定义了,因为电磁力有无旋的和有旋的两种力,电子运动既有定向运动又有旋涡运动,电子的惯性指哪种运动、我们能不能在测量中分离这两种运动、电子的质量随速度在变,到接近光速时加速度也接近于零了。实际上电子速度的测量本身就是在狭义相对论逻辑前提下的测量。真正要把问题搞清楚,恐怕不是用一个什么实验来简单肯定或否定狭义相对论那样简单的。**从高能物理实验中电子的质量或速度的测量就可以看出**,现在在理论物理领域,已经离不开相对论的逻辑框架,在这样的逻辑框架下的所有实验结果也就谈不上能作为检验那个逻辑框架的真理性标准了。

§6.2 爱因斯坦的广义相对论和霍金的广义相对论

在狭义相对论的基础上爱因斯坦又进一步提出了广义相对论,实际上广义相对论本身就是对狭义相对论的否定。在广义相对论中光再也不以直线前进了,这曾是狭义相对论所有运算的基础。在狭义相对论中的洛伦兹变换实际上是二维时空的变换,空间只有一维,其他两维都是常数。这是所有相对论的时空与速度之间的关系,时间变慢、距离变短等的运算公式以及让人进入种种引人入胜的、虚幻世界的前提。这些前提在广义相对论中实际上已经被否定了。爱因斯坦并没有再给出在真正四维时空下相对论时间、空间与速度之间的数学关系,因为这种关系在四维时空下是给不出来的。它只是狭义相对论的二维变换的产物。在狭义相对论中时间和距离只是与速度和光速比的平方有关,在物理上一个矢量与矢量的平方实际上是意义完全不同的两回事。两个物体(两个孪生子)开始有相同的时间和空间,以不同方式运动后又见面了,从正常人的思维方式来说,他们又处于同一时间和空间了。牛顿的"与任何运动无关的时间和空间"的逻辑界定就是为了保证这一点的。牛顿的物质运动的矢量运算关系也能保证这一点。在狭义相对论中,时间和空间都与速度的平方有关,所以许多不懂得相对论奥妙的人,总是以为当两个孪生子重新团聚时,他们可以拥抱在一起,但是,按相对时空观来说,他们只能在对于两个人都是不同的时间和空间里拥抱在一起,因此要质问爱因斯坦:两个不同时间和空间里的人怎么可以拥抱在一起?对于只了解相对论表象的人,永远不可能想通这一问题:**狭义相对论从来没有给过人们任何一个真实的世界,它只是一个假想,你用真实世界发生的事去检验它当然是毫无意义的。**在狭义相对论中可以告诉你的就是两个孪生兄弟只要一进入狭义相对论的框架,就永远不可能再次见面了,他们只能永远在各自的惯性坐标系中游荡。但是一到了广义相对论,在"四维"时空中是变不出时间变慢和空间变短这样一些东西的。**但是广义相对论仍不能回到真实的世界上来,因为它还不得不以一个常数 c 作为建立四维时空的基础,这个 c 是什么呢?不得不继续当作"光速"。而广义相对论中作为一个真实的光在它的传播过程中是可以弯曲的,不仅如此,爱因斯坦在广义相对论中不论是理论还是实验所要研究的正是引力对于光的作用,他所希望看到的正是光在引力场作用下运动形式的变化,所谓运动形式的变化,自然是与光速不变性是不相容的。**虽然时空对于速度的虚幻关系可以放弃了,但是这个令人难堪的常数 c 依然不能放弃,因为一旦放弃这一常数,相对论的四维时空框架马上就垮塌了。所以为了避免这一难堪,不得不引入了空间的弯曲,让光依然是直线前进,而空间弯曲了!所以"懂得"广义相对论的人是生活在与常人不同的"弯曲空间"中的一群"有特殊理性"的生物。在他们的眼中不能这样"理性"地理解四维时空的芸芸众生像是在二维空间上生活的压扁的"臭虫"。其实"所谓压扁的臭虫"只是爱因斯坦在家里说过一次的玩笑话,从没有在他自己的正式言论讲过它。实际上连他本人也搞不清楚这个理论的结果到底会那样,能不能最后重新回到真实的世界上来？但是爱因斯坦在广义相对论中所探索的方向是非常明确的:那就是希望建立起相对论与感性材料之间的正确关系,首先就是与牛顿的引力理论之间的正确关系。爱因斯坦说过狭义相对论的两个公设看起来是一对矛盾的假设,这对假设为什么是矛盾的？就是因为在牛顿引力理论中,粒子满足的是牛顿方程,而光满足的是麦克斯韦方程组,这两个方程是不可能满足同一规律的,也就是相对性原理是不成立的。他先告诉人家相对性原理是成立的,这一对公设只是形式上的矛盾,实际上是一致的。而要保证其一致性,也就是要证明:牛顿理论确实是相对论在低速下的近似形式。这就是他的广义相对论的研究目标:他一直在假想世界中探索,希望有朝一日能够回到真实的世界来向人家说得明白:原来引力场方程与电磁场方程有共同的形式,它们都实实在在地满足洛伦兹变换,他的两个公设也就不再相互矛盾了。但是科学发展的现实结果却离他原来的期望越来越远,不仅电磁场理论与引力场理论的统合一直无法取得进展,广义相对论也推导出越来越荒唐的结果。一个人的生命是有限的,当他还没有能够回到现实世界的时候,就不得不离开我们了。

人们都曾愤愤不平于他对量子理论的不是"真货色"的批评,为什么不看看他自己的相对论其实比量子理论更混乱,更不是真货色。在爱因斯坦那样理直气壮地批评量子理论的时候,他还是相信他的广义相对论能使相对论回到逻辑自洽的道路上来,只要他能够真正把电磁理论和引力理论统一在一个共同的广义相对论上来,现在相对论上存在的一切看起来与现实世界的矛盾都将迎刃而解。当他预感到这条路走不通的时候,其实他对于相对论的最后评价比量子理论更严峻。在把广义相对论做时间逆向运行的计算中,推导出了一个"奇点"它可以使空间膨胀起来,爱因斯坦毫不犹豫地拒绝了这个会进一步把物理学引向荒谬的结果,而引入宇宙常数,虽然这也不是一个好办法。到了 40 年代(这个时候宇宙膨胀已经"发现"20 年了),从我们前面所引用的他的话中,只是轻描淡写地把相对论的逻辑结构称作一种"选择"的自由,它的根据是与感性材料的正确关系。而他的感性材料中根本没有任何相对论的时空关系和光速不变性,只有质量与速度(或能量)有关,他对他自己一生工作的总结就是打破了牛顿理论中对于质量的僵化。在生命行将结束的时候,他多次提出:"现代物理学似乎已经得到解决,许多基本问题可能以新的形式出现。"他把相对论称作暂时的理论,一定会有新的理论来代替它。

爱因斯坦的"继承者"实际上是在爱因斯坦死后登上了现代爱因斯坦的宝座的,他看起来像是个完全脱离现实世界的,已经习惯于生活在弯曲时空里的"相对主义"者。霍金的伟大创造是从捡起被爱因斯坦抛弃的"宇宙大爆炸"开始的,宇宙大爆炸是从一个"奇点"开始的。物质世界最后被压缩成了什么也没有了的一个"奇点",连时间也没有了,空间也没有了。于是宇宙创生开始了!一个"奇点"大爆炸了!他们对于广义相对论与引力场之间的整合已经没有兴趣了,因为引力场是那么的实际,与引力场的整合就必须经受与感性材料的正确关系这一个相对论所难以逾越的难关。他把所有的兴趣都寄托于由他的理论所开发出来的各种稀奇古怪的世界上,寄托于以他的理论作为前提的对于种种实验现象的虚假的解释上。

自然科学也允许假设,允许用假设跳过历史局限性所带来的无法解决的困难,但是这种假设只是一种暂时的办法。每一个天才的假设都只能够在特定的历史时期帮助人类跳过一段难以逾越的障碍,但是每个不管多么伟大的天才的假设同样也给人类认识世界的整体过程中的思维逻辑或直接经验带来一段空缺。最后人们还得回过来填补上这个由假设所留下的空缺。牛顿关于质量或惯性的假设,麦克斯韦关于位移电流的假设,爱因斯坦的光速不变性和相对性原理的假设都是一样。爱因斯坦的工作一定程度上填补了牛顿关于质量的假设,现代电磁场理论就是要填补麦克斯韦关于位移电流的假设。最后还得有人来填补上关于相对论的两个公设的假设。**自然科学的发展受制于人类的直观经验和从人类直观经验所产生的感性材料。但是人类认识的前进并不是必须时时处处保持连续的那种爬行或者说不是任何时候都必须保持逻辑的自洽性,如果那样就会无法越过很多障碍。**人类认识的发展允许跳跃,但是跳跃以后还得回来填充上人类认识的过程中那段空缺,最后使人类在直接经验的扩展中不留下空缺。只要有这种空缺存在就永远不得安宁。牛顿理论留下的空缺,使他的力学中永远无法理解涡流或湍流,麦克斯韦留下的空缺使电磁场理论中永远没有自洽的数学体系。爱因斯坦留下的空缺将是更大的,因为他的理论与牛顿和麦克斯韦的理论不同。在牛顿和麦克斯韦理论中,理论系统总的来说是以实验结果的感性材料来支撑的,空缺的只是一、两个环节;而爱因斯坦的理论是用一个时空关系支撑起来的,它所能够联系起来的感性材料实际上只有一、两个点,而空缺的是大部分。这丝毫不是比较哪种理论或哪个伟人的能力或功绩的大小。他们都只是完成了历史所赋予他们的使命,他们都是历史上不可企及的高峰。

回到广义相对论的问题,那么有没有可能不去解决相对论对电磁理论与引力理论的整合,直接进入更深层次的物理运动形式的探求?当然这也不是不可以的,但是要说明事实真相、经过跳跃得到的那些东西,实际上还不是"真货色",它还没有与已经成为人类直接经验的那些部分确实地连接起来,而要使广义相对论真正的与人类直接经验确实地连接起来就必须首先把电磁场理论与牛顿理论统一起来,当然这种所谓的统一首先是逻辑上的自洽,是一种比较复杂的数学关系的自洽,这不是用一个常数 c 建立的四维时空所能够解决的。广义相对论的研究如果明确了任务和方向,当然还是很有意义的工作。c 虽然没有创造宇宙规律的魔力,但它确实是物理世界中有非常重要意义的一个常数。与这种常数相联系的奇点也是物理上具有重要意义的,只要我们谨慎而正确地处理那些奇点,也会对物理学的发展做出重要的贡献。许多真诚的广义相对论学者一直在探索这样的道路,如张操教授所提出的在广义相对论中引入笛卡儿背景坐标,弯曲的引力空间实际上就成了笛卡儿坐标空间上的一个物理函数,这样离开现实世界就进了一大步;曹盛林教授的芬斯勒时空中的相对论,也在探索时间的逻辑内涵上做了很多深刻的工作。实际上除了像杨本洛教授那样的直接分析和批评相对论逻辑混乱的著作[22,25,26]给了我们极大的鼓励和帮助外,如果没有像张操、曹盛林教授那样的一些广义相对论学者的工作,我们也无法产生本书中的那些思想。但是关于"爱因斯坦继承者"的通过奇点的大爆炸来产生时间、空间和整个物质世界的理论,实在是与爱因斯坦的科学观背道而驰的。他已经迷失了作为物理学家的方向,因而只能直截了当地否认理论与物理实在之间的对应关系,倡导在理论前提下的实验结果。在前面研究物理世界的所有运动形式中早已证明,物理世界是不可能容纳没有大小的"奇点"的。从人类古文明开始,朴素的希腊古科学家就提出了关于物质存在形式的原子理论。在人类文明史上也还从来没有过一个没有空间大小、没有物质存在的"奇点"能够产生世界的狂想,所谓的现代宇宙论,是一种对整个人类认识自然界所积累的知识的否定,更是对现代文明的否定。从工业革命时代开始直到今天的每一个人类的科学技术创造都是在三维几何空间中实现的,人类的所有生产和文化活动也都是在三维几何空间中进行的。四维时空作为一个时代的产物,或者说作为人类思维的一种探索、作为一种数学的形式,当然没有不能存在的理由,它能够启发人类的思维,数学本来就没有直接和物理实在对应的义务。物理学家可以根据自己的需要,来运用这些语言。把它作为一种物理实在推销给没有时间和精力去研究科学的大众,当然是应该坚决予以拒绝的。在爱因斯坦的时代,爱因斯坦小心谨慎地描述各种时序和同时性的关系,仍然没有人理解他的理论,据说全世界只有三个半人懂相对论。而现在一个近乎疯狂的理论却高踞至高无上的科学宝座,这实在是市场经济的另一面,它的非理性的一面给人类带来危害。

这种理论之所以能够蒙蔽广大的科学工作者,当然一方面是利用大多数人对于爱因斯坦的尊敬,另一方面也利用了现在这样科学发展的一个特殊时代。在这个时代,物理理论不仅是相对论,还有量子理论都没有一个自洽的逻辑体系作依据。本来是应该最有思维严格性的物理学家,也不得不在逻辑的自洽性上做出一些让步。有一些人恰恰是利用了这一点,把物理学领域搞得越是混乱、越是没有理性越符合他们的好胃口。本书是以联合国教科文组织在世纪之交时发表的"科学的未来"作为开始的,在那里联合国教科文组织代表了世界的正直的科学家,指出了相对论与量子理论被证明是对立的,这是严重的障碍!同样在世纪之交,有一个很有权威的非学术的新闻媒体上发表了一篇称为"相对论简史"的文章:"我目前仍每星期收到2～3封信,告诉我爱因斯坦错了。然而,相对论现已完全被科学家所接受,它的预言已为无数应用所证实"。俨然是一个现代的爱因斯坦,是完全被科学家所接受的相对论创立者的代言人。所有认为相对论有错误的人，都只能是与科学无关的愚民。这种态度和爱因斯坦自己对相对论的态度是何等的不同！我们且不要他举出无数的例子，其实，除了前面狭义相对论中的关于质量问题外，我们只希望他能举得出现代工程技术中一个有用的东西确实不是在三维几何空间创造的，而必须应用四维时空的理论。实际上这是不可能的！广义相对论的四维时空中只要有一个常数 c 作为联系时间和空间的僵化的模型，与物理实在就没有真实的对应关系。四维时空只有在狭义相对论下，才能与电子（或其他粒子）和电磁波（或其他波）在平面波和一维的近似模型下的相互作用，这样的一个物理实在存在对应关系。之所以狭义相对论可以存在着与物理实在的对应关系是因为狭义相对论只是一种理想世界，不是一种现实世界，所以它可能与某个理想的物理世界相对应。而广义相对论希望建立一个物理世界的普遍规律，就反而与物理世界完全没有对应关系了。广义相对论制造的理论结果没有一个是经得起推敲的。一般说来物理学上的奇点是反映两类物理运动形式的转变点，有时候我们把这种转变过程近似地用突变的概念来代替。实际上这也不是数学意义上的突变点，在物理上无限小的空间和无限短的时间间隔都是没有意义的，但是在数学逻辑上我们可以用它来近似地描述两类物质运动状态的变换过程，当然这需要谨慎地把数学方法与物理内涵结合起来。那就需要这类数学方法和由此产生的理论必须以反映客观实在的感性材料作为物理学的基础。而霍金说，提问物理理论是否与客观实在相对应是毫无意义的，而且，所谓实验观察也必须以我们的理论为前提。这无疑会把物理学引向错误的道路。资本高度发展的市场经济的疯狂性已经侵蚀到了原本很神圣的科学领域。一个人把自己的理论作为实验观察的前提，他所制造的物理理论与客观实在是毫无关系的，而希望或要求其他科学家的实验观察结果要符合他的理论，否则就是没有以他的理论作为实验分析的前提。

§6.3　有关相对论实验的分析

相对论本身就是要解决接近光速时的物质运动性质问题，所以有关相对论的物理实验本身确实是非常困难的。正如前面讨论中所说到的，即使对于狭义相对论的实验论证也往往需要狭义相对论本身作为其前提。因而我们也只能称为近似地符合实验结果。爱因斯坦时期所考虑的广义相对论主要就是研究引力场的问题，从理论上他希望从广义相对论建立起引力场理论，这种理论在低速下能够确实包容牛顿的理论，即确实可以把牛顿理论作为他的引力场理论的近似形式，从实验上他一方面研究引力场中是否有能在真空中传播的引力波存在，另一方面就是引力场是否对光有作用。他关于广义相对论的实验也是这方面的，但是这些理论和实验都是不成功的。他最主要的在广义相对论中被人们讲得最多的实验例子就是关于光线通过的引力场的弯曲问题。库珀对此作了一个很客观的描述："1919 年日全蚀期间，国际考察团对此进行了考察。……进行和解释这种测量是件非常复杂的事情(据说，两个天文学家看了同一张照片后可以给出不同的解释……光束会有轻微的弯曲，这一点所有人都同意。但是这个弯曲的大小在数值上是否与相对论的预言相一致还不清楚"。这个例子现在看来已经没有意义了，任何电磁波波束，从来就不是以直线前进的，它是扩散的。一个极细的激光束，如果从地球射到月球估计要扩大到一个盆那样大。所以光通过太阳的边沿时，光束也会向原来被遮挡的阴影处扩散，这一扩散的大小是不确定的，并取决于感光材料的能力。在电磁场理论中，对于波束大小的定义取决于波束边沿与中心场强衰减的分贝数，取 1 分贝、3 分贝或 5 分贝衰减作标准，大小要差别十多倍到几十倍。对于电磁波在被物体遮挡后的弯曲，即电磁波的绕射,从爱因斯坦的那个实验以后的近百年来,至少也有成千篇的论文,人们知道这种绕射现象首先与波长有关,还和边缘形状、材料介质特性有关,从没有一个人提出过与绕射体的质量有什么关系。当然我们并不能肯定光的传播特性一定与引力无关,但是我们可以肯定的是,在现在的理论和技术条件下,我们不可能通过测量来确定电磁波传播是否与引力有关。这实际上也与现在理论物理上很热门的光的静止质量的测量类似,光的静止质量现在也是测量不出来的。因为现在的电磁场理论本身还没有达到需要测量光的传播与引力场的关系那种水平。也就是说到现在为止,所有电磁场理论和工程中还没有发现电磁波的传播与引力的关系。因为如果电磁波的传播与引力有关,就必须改变麦克斯韦方程组,但是事实上现在的问题还不是是否要改变麦克斯韦方程组,而是如何把麦克斯韦方程组本身搞清楚的问题。信息科学中与电磁波有关的所有实践都证明了在一定的近似下,至少在考虑目前信息应用的线性的单模近似下,麦克斯韦理论完全符合实际结果。电磁波更复杂的问题是:如时域与频域的关系、瞬时观察与时间平均观察的关系、特别是光的连续性和量子性问题,也许搞清楚了一些皮毛,也许连这一点皮毛也是不准确的。现在看来以广义相对论的理论为前提所提出的各种对于电磁场的理论和测量问题都无助于对光的本质的深入认识,如目前进行的光的质量测量、光速测量等等,除了能够证明相对论的逻辑前提本来就只是一种没有物理根据的假设以外,实际上也得不到任何其他什么真正有物理意义的东西。因为这种实验的逻辑前提就是不当的。光速测量就要首先搞清光速的物理内容,现在测量的光速从几百上千倍光速,到每秒几十米,到零,到负光速都有,光速理论没有搞清楚,这些结果有什么意义?实际上这些光速是在经典场论中特殊条件下才有某些含糊不清意义的所谓相速、群速、能量传播速度、信息传播速度等概念计算出来的,除了能够把人搞得更加糊涂外,不会对人们认识电磁场带来什么帮助。同样,光的质量可以是零可以是正、是负、是实、是虚。不把波理论从牛顿理论、相对论、量子理论这些杂乱的理论框架下理出一个头绪,实验也好、理论也好、计算也好都不大可能产生实际的用处。其实不仅是电磁波,连电子的质量同样是一个在逻辑上不清楚的概念:它有没有引力质量?不清楚。因为从来没有人发现过电子器件的性能与电子器件的放置方向或地面的器件到空间时因引力发生的改变而产生的性能改变。引力红移也是一个类似的问题,我们并不能完全肯定引力对于电子或电磁波一定完全没有作用,但是可以肯定,这种作用对任何到现在为止的技术问题没有产生过可以观察得到的影响。所以不要说爱因斯坦时代,即使现在,这种测量的结果也还是无法真正分析清楚的,它比其他误差特别是测量中必须用到的理论本身的误差要小得太多了。就像一百年中水星进动的$43''$的误差那样,我们还没有搞清楚的、比他大得多的影响还很多很多。如光压就是一个实实在在的物理作用,它发现得比相对论还早,但是现在也没有办法进行计算。物理学家所提出的计算光压的办法实际上都是根本不能真正应用的。广义相对论理论本身存在很大的逻辑上的缺陷,它既不是从实际观察中得来的,也不是从逻辑推理中推导出来的,而是通过假设凑出来的。爱因斯坦一直希冀从黎曼空间和时间的四维时空几何中凑出一个能与实验近似的理论。但是,现在已经证明了即使引力波或引力场对光的作用都是那么的小,也完全不可能从假设中凑出一理论可以达到如此高精度,来充分证明广义相对论能够把引力理论和电磁场理论整合成一个逻辑自洽的理论体系。这使我们可以肯定,继续研究这种理论现在已没有什么意义了。即使广义相对论能够告诉我们一些东西,但是这些东西也远远小于那些确实存在的、但是现在还无法考虑而只能放弃的那些因素。这就是说爱因斯坦的广义相对论研究的目标还是可以理解的,但是那种靠时空关系来创造的理论是不可能达到它的目标的。

把广义相对论应用到现代宇宙论则是另一回事。所有的有质物质都要保持一定的大小限度,小于一定的限度就不是有质物质的引力场的研究范围了,外层电子脱离中性粒子所产生的力比引力场理论范围的力要大得多,内层电子以及原子核产生破裂时,怎么还能用广义相对论去研究呢? 即使到原子核发生变化,质子和中子本身也发生变化的时候,离开一个没有大小的奇点还差得远呢! 根本不可能用一个没有大小的"奇点"来表示任何物质的存在! 但是这种毫无理论根据、更无实验依据的理论有一个最大的好处,就是它所产生的结果都不是现实世界的实验观察可以检验的。他常给实验物理学家提出的几百亿年以前或几百亿光年以外发生的事件,当然这样的观察结果没有他的理论为前提是什么也说明不了的。

爱因斯坦是在探索真理的道路上走完了他光辉的一生,他完成了历史赋予他的任务:打破了封闭的、机械的牛顿力学的时空框架和牛顿对于物质的僵化形式,为科学开辟了一个新的时代。但是与所有的伟大人物一样,他也不可能超越历史去完成无法完成的工作。他希望建立一种把时间与空间联系在一起的符合物理实在的时空观,但是建立这样一种符合物理实在的时间空间相联系的时空框架不是他的时代所能够解决的。他只能提出一个假想的时间和空间的相对论的联系方式,他用一生追求着去建立他的理论框架与客观实在之间的正确关系,但是最后他带着遗憾和不安的心情离开了这个世界,他把建立能够代替相对论的新理论的工作留给了后人。人们将永远记住他的不朽的历史功绩。

§6.4　爱因斯坦哲学观和对我们时代的贡献

在第四章中我们特别强调了逻辑在科学理论形成中的作用,但是逻辑也是一把双刃剑。逻辑概念的首创者,古希腊的亚里士多德把处处可以观察到的性质称为公理,意思是指公认的看法和观点,公理是逻辑的前提。但是亚里士多德又认为每一门科学——几何学、算术学等都应当有自己本身的公理。这就是说作为逻辑前提的公理一般说来是极其狭隘的。逻辑的"自洽性"成了人类思想能够相互交流、人类的感情能够相互认同、人群的信念和意志能够凝聚在一起的一个必需的前提。但是逻辑前提的狭隘性又造成了逻辑的"自闭性",逻辑的自闭性又往往是阻碍社会发展和进步的最可怕的力量。中国社会虽然形式上没有出现过逻辑学,但那只是没有出现过认识自然规律的数理逻辑,在人文上我们却是有极严密的逻辑规范的,那就是以封建礼教为基础的儒学和发展到更为繁琐和细密的理学,正是这一套逻辑规范控制了人们的思想和社会发展长达三千多年。古希腊的亚里士多德对于自然界和逻辑的理念也曾成为西方基督教经院哲学的逻辑基础。**人类社会的进步总是与打破某种自闭的逻辑系统紧密地联系在一起。但是真正能够打破逻辑自闭性的最直接的动力来自人们对自然界的认识。社会的发展常常是曲折的,但是人们对自然界的认识总是不断积累、不断丰富的。科学不仅是打破逻辑自闭性的原动力,也是不断扩大逻辑前提、并在新的逻辑前提上建立新的逻辑体系的第一推动力。因为科学的发展既不可能建立在已与人们的感性材料格格不入的旧逻辑体系上,也不可能建立在一堆杂乱无章的感性材料上。正是因为这一点,爱因斯坦的影响已经远远超出了物理学的范围,在数学、逻辑学以至于哲学上都产生了深远的影响。**

辩证方法在哲学和逻辑学上的出现远远早于爱因斯坦相对

论,但是它们都不可能有爱因斯坦相对论那样广泛、持久的影响,在人类的各种文化现象中只有科学技术才是最稳定的骨架。爱因斯坦的逻辑观,把整个逻辑结构作为一种可以自由选择的东西,而最重要的是形成逻辑结果与感性材料之间的正确关系。这样一种思想不仅在哲学上产生了影响,对数理逻辑也产生了巨大的影响,有人把这种逻辑关系称为辩证逻辑,它不像形式逻辑那样严谨,在一定范围内逻辑是倒置的。**相对论在科学发展历史上确实起过的作用,不但说明了辩证逻辑同样有存在的确实理由,更说明了辩证逻辑与形式逻辑之间的关系:尽管可以把逻辑结构的选择看作一种自由,但是最后必须保证能够形成感性材料之间的正确关系。即在逻辑前提被扩大了的情况下,应该允许任意选择的、不一定能够保证自洽的逻辑结构的出现和存在,但最终还是要寻找新的扩大了的逻辑前提下的自洽的逻辑形式结构。**这就是爱因斯坦一生所追求的科学道路:他不仅创立了用来打破牛顿僵化的逻辑体系的相对论,而且用毕生的精力来力图填补由于相对论这类跳跃式的思维逻辑所带来的逻辑上的空缺,越到生命的最后阶段他越感到这个问题的重要性,在他自己无力做到这一点的时候,还给我们留下了大量谆谆告诫,期盼着出现一种新的理论来弥补相对论所造成的逻辑混乱。

我们不应该过分重视那些自命的爱因斯坦继承者的言行,这样的人在任何时代总是有的。而更应该看到我们现在正在爱因斯坦引领下走过人类思维和科学理论发展的最艰辛的一段道路。虽然直接用一个常数 c 所构筑的四维时空并没有能够达到人们所需要的结果,但是作为信息社会技术基础的信号处理的方法就是与爱因斯坦所强调的"必须打破的互不相关的时空观和建立相互联系的时空观"这样的哲学理念完全一致的。只是这种联系不是建立在一个常数 c 的基础上,而是现代数学理论下的自然结果。爱因斯坦的四维时空虽然本身看不到很多的用处,但是它是数学发展新阶段的萌芽,而抽象空间下的现代数学分析已经成为现代物理学发展所不可缺少的数理逻辑工具。爱因斯坦广义相对论中四维时空下的线元公式,同样也是后来抽象空间中的量度公式的雏形。抽象空间的量度定义和表达方法,把看起来非常抽象的函数空间下的元素与人类的实践活动——测量联系在一起,给出了具有空间共容性、且在空间连续分布的暗物在逻辑上严格的因果关系。**本来人们只能理解欧氏空间上测量的可视性,因而只能理解基于欧氏空间上测量结果所具有的因果律,而现在我们同样可以在波函数空间上对暗物进行测量,它的测量结果同样满足因果律。这不仅在逻辑上或理论上已得到证明,而且已经非常成功地应用于人类实践的最重要的环节——计量科学上。**

　　一个时间和空间相互联系的又与任何物质运动无关的时间空间框架,已经在信息技术中建立起来了! 虽然它只是一种雏形,它还不是对于抽象的普遍的物质运动形式都适用,也不是用严格的逻辑语言建立起来的,但是保证它的合理性的是整个信息社会的技术实践,是信息工程应用的大量感性材料的正确关系。当然这还不够,我们还应该努力把它变成严格的逻辑关系。从逻辑上来说,实际上也是爱因斯坦、希尔伯特这样的先辈们引领着我们才走过这段人类逻辑思维上最艰辛的道路的。是辩证逻辑体系大大扩展了从逻辑公理的选择范围和逻辑演绎的通道,我们才能够走通现在的这条道路。实际上正是爱因斯坦的思想引领着我们从与物质运动无关(同时时间与空间也无关)的时空框架,走过了时间空间与物质运动速度联系在一起的相对论时空框架,最后又到达了与物质运动无关的(但是时间和空间联系在一起)的新的时间空间框架。这样,新的时空框架又回到了最简明最普遍的形式上来了,它只是原来时空框架的一种逻辑扩展,是逻辑相容的。**时间和空间实际上只是逻辑赋予人类**

的一种认识能力和工具，它当然应该以最普遍、最简洁的形式出现，把一切复杂的问题分离出来，通过各种物理函数、方程式、量度和运算的方法去解决。把判断逻辑形式合理性标准留给与感性材料之间的正确关系，而这样的一条路实际上就是爱因斯坦和希尔伯特的数理逻辑所指引的道路。

让我们沿着这样的一条路，把人类实践的感性材料与数理逻辑紧紧地结合在一起，让理论物理与工程技术紧紧地结合起来，完成爱因斯坦的遗愿，完成相对论与量子理论的逻辑统一，建立新的物理世界的数理逻辑体系。

第七章　科学的未来是什么

　　这本书是以世纪之交,联合国教科文组织《1998 年世界科学报告》的前言部分题为"科学的未来是什么?"作为开始的。所引用的那段话是:"爱因斯坦的理论(相对论)和量子理论是 20 世纪的两大学术成就。遗憾的是,这两个理论迄今为止被证明是对立的。这是一个严重的障碍"。现在也回到这段话作为全书的总结。

　　在一定意义上说,现代科学是在西方文化背景下发展起来的。古希腊的亚里士多德和同时代的科学家,如欧几里得、托勒密等人所建立的科学理论经过伊斯兰帝国的手传到了基督文化的环境中。像伊斯兰帝国的统治者一样,基督教会的最高统治者也因为这些理论与基督教义不符被视为异端而受排斥。但是基督文化特有的包容性和民主性,使这些科学理论并不因最高层统治者的意见而被扼杀,并渐渐地找到了这些理论与圣经教义的共同点,并成为基督教义的一部分。当哥白尼、伽利略发现了托勒密的地心说和亚里士多德的运动理论都需要修正时,虽然他们又一次遭到了教会最高层的迫害,但是社会上很快出现了宗教改革,新教为现代自然科学的发展提供了合适的土壤[27],牛顿理论就是在这样的土壤里产生的。科学、文化与生产力就这样首先在西方相辅相成的快速发展起来了。现在古老的东方文明同样进入了以科学与民主思想作为主导的建设先进生产力和先进文化的历史新时期,怎样来面对科学的未来不但关系到科学技术的发展,而且对社会发展也是一个考验。

　　相对论和量子理论的相互对立被称作严重的障碍,但它们又曾是 20 世纪科学发展的两个主要的推动力。这就是说科学发展的历史又一次到了寻找方向的时候了。现在的西方已经没有教会或政治的势力会对科学的革新造成障碍，但是他们仍有相当大的负担，这就是市场经济、媒体和"主流科学界"结合在一起的势力。"主流科学界"不会轻易放弃曾经把他们推上科学宝座的那些应该早已可以证明为错误的理论，他们又有极大的影响力通过控制各种科学机构来影响媒体和市场。现在他们正极力把两个相互矛盾的理论机械地交织在一起，作为科学的未来，并通过各种他们能够控制的手段推销给社会。我们的科学界、科学管理和媒体是跟随着他们，沿着他们的脚步还是走自己的路，这是一次重要的选择。

正像我们前面所说，科学的发展靠的是：通过科学实验积累感性材料与对感性材料的逻辑分析和处理。而逻辑分析和处理的根本任务不仅是如何把感性材料纳入已有的逻辑结构，更重要的是分析这些感性材料是否确实是自洽地纳入了逻辑系统。所以科学发展必须有两个翅膀：打破已有逻辑的自闭性和建立自洽的逻辑体系。由于建立逻辑自洽体系的工作不是一朝一夕之功，它是一个长期的积累过程，而打破逻辑自闭性往往带有突变性。但是在大多数情况下科学发展的过程是这两方面的工作平行且交叉地进行的，在相对论和量子力学发展过程中，在牛顿理论框架上的工程技术科学仍在大力的快速的发展。**现在科学发展的最迫切的任务就是要重新建立自洽的物理学的数理逻辑体系，在这一过程中自然应该以宏观的工程技术的新的感性材料的综合分析为基础，以得到确实可靠的新理论的逻辑前提，但是吸取相对论和量子理论中的合理成果同样是不可缺少的。**同样在进行自然科学体系的逻辑重建的同时，新科学理论的发展是不会受到阻碍的，因为我们所希望重建自洽逻辑体系的自然科学实际上只是现在自然科学中已经成熟了的那一小部分，需要继续探索的仍是大部分。我们希望在自洽逻辑的重建过程中,受到影响的只是那些已经严重阻碍了科学技术发展并已经为大量的科学实践证明是错误的部分,绝不会影响到所有对大自然的科学实验探索和那些依然需要在迷雾中进行探索的理论科学的前沿。

§7.1 自然科学体系的逻辑重建

现在需要重建的自然科学逻辑体系的那一部分,实际上就是工程技术和生产已经进入或即将进入的宏观、微观和宇观世界相交叉的那一部分领域。在这部分领域中不再重建自然科学的自洽逻辑体系已经不行了!一个简单而又严峻的不得不解决的问题已经摆在我们的面前了:这就是我们到底是在与任何物质运动无关的时间和空间框架里,还是在时空与物质相互混同、相互作用的"相对论"框架里建设我们的技术和工程科学,是在三维几何空间上还是在四维空间上建设我们新的科学技术世界。

在信息科学中,我们是在三维空间内进行信息处理的,获取的也是三维空间上的信息。与牛顿理论框架的区别仅仅在于我们不再是在每一个瞬时获取物质的运动信息,而是通过一定时间间隔内取平均的方法来获取表征某一瞬时的物质运动信息。时间和空间的相互联系只是一种逻辑的联系,而没有任何固定的僵化的联系。这种逻辑的时空联系是牛顿时空框架的自然发展,它可以包容牛顿的时空框架,实实在在地把牛顿的时空框架作为信息科学的时空框架的一种子空间。信息科学是爱因斯坦关于时间空间不应僵化和没有相互联系的时空观的真实实现,但那里没有用常数 c 把时间也当作其中一维的四维空间的任何地位。那里也出现波速 c,但是它只是一个普普通通的一个物理量。在真空中电磁波的信息处理中,出现的是真空中的光速;在介质中电磁波的信息处理时,出现的是介质中的电磁波波速。

它同样应用在声波的信息处理中,在那里出现的波速 c 是音速,在水声中出现的是水中的音速,在地震波中出现的是地震波的波速,而且还可以接收到不同模式的不同波速。

在波与实物的相互作用中,宏观的理论在考虑了波和实物两种不同的物质运动形式的相互作用后,也不能单独用牛顿理论来处理了。在那里,时间空间当然也是有联系的,质量在形式上也出现相对论质量公式,但是同样,这里的 c 也不是一个主宰宇宙规律的特殊的数,而是与实物相互作用的那个波的波速,也只是一个普通的物理量。超音速飞机突破音速的过程从物理过程的数学形式来说与高能加速器中电磁波加速带电粒子的过程没有多少差别。当然我们不能把超音速飞机中的质量公式理解为飞机的质量公式,在那里飞机的质量是不可能改变的,改变的只是气缸中与飞机相作用的燃烧后的粒子质量。这种燃烧过程中产生的粒子显然可以出现两种不同的运动状态:一种是与牛顿力(这里是指瞬时作用的无旋力),一种是与非牛顿力(涡动力)相关的运动状态。当汽缸出口很小,像一个腔体时,容易产生机械振荡,一旦这种模式占主体时,气缸中主要是波与粒子的相互作用,粒子的涡动运动为主时,牛顿力的动量是推动飞机的动量,不再增加了,而增加的只是涡动运动的动量,它不会给飞机加速,也不会使飞机的质量随相对论公式增加,但是这种涡动的动量传给飞机后却会使飞机产生有破坏性的共振或使机体发热等。但是只要一改变汽缸的形状,使它不产生共振,不产生机械波,以无旋场的质量力推动飞机,音速的限制就没有了。狭义相对论的合理性就在于它考虑了两种物质运动形式,速度不变的波和速度随力而变动的粒子,所以它可以比牛顿理论更好地描述高速下波与粒子的相互作用。特别是出现了质量不再是常数这样一个在科学发展的历史上有划时代意义的结果。在广义相对论中,四维时空只是一种物理内容不明确的假定,通过这一假定并加上粒子碰撞过程的其他简化才得到关于质量的近似公式。但是现在我们应该完全可以用波和粒子相互作用的理论来更加精确地描述这一过程。在这种波与实物的相互作用过程中，只有在求波的运动形式中会出现复数形式，**而四维时空的关系只出现在以复数形式表示的波函数的指数上**；在实物运动方程中，仍是时间空间分离的牛顿方程。波函数上的时空之间的联系造成了时间和空间在精确描述波运动形式中不能分离的形式，但是这是一种复杂的数学关系，也不是狭义相对论中的简单的四维几何关系。

最后还有一个更重要的但是看来还没有完全解决的问题，这就是宇宙飞行中的时间校准的问题。现在宇宙飞行已经远离了地球，而时间的精度已经达到了可以分辨各种"时间"（牛顿时间和"相对论"时间）之间的差别。这一时间的差别直接影响全球定位的精度。到底牛顿时间与相对论时间谁是真实的时间成了涉及飞行安全必须解决的大事。**但是我们首先要说的是所谓相对论时间实际上是难以说得清楚的，只有在理论家需要它怎么样变的时候，它就怎样变，就可以得到以理论为前提的所需要的结果。它没有一个严格的逻辑定义，因为相对论时间和空间及速度的所有变换关系都取决于参照系，参照系之间必须做惯性运动，我们不能来回变换参照系。广义相对论只是用 c 把时间坐标变换为与空间有相同量纲的形式的四维空间，它只用来制造各种复杂的理论公式，并没有严格的时空变换关系。所有时间和空间随速度改变的相对论关系都是在惯性坐标系中，即在空间上实际是一维的条件下才能推导出来，在非惯性运动的两个系统之间根本不可能推导出这些关系。** 某些在做时间变慢和空间弯曲的人，实际上自己也不知道在做什么？空间弯曲了，人们的体型弯曲了没有？生活在弯曲的空间下到底有什么特殊的感觉？实际上按爱因斯坦的意思空间弯曲就是有了引力。地球上有地心引力,就是空间弯曲得有很大的梯度,在空间某一地方引力没有了空间就平坦了,但是谁也无法给出一个在四维空间上的平坦的三维空间是什么样子。现在所谓懂得广义相对论的人以能够理解四维空间上的平坦的三维空间而飘飘然地把普通人看成压扁的"臭虫",其实他们比那些普通人更糊涂。

但是爱因斯坦确实还是给我们留下了一个难题,那就是由于电磁波的出现所产生的绝对空间问题,对于牛顿力学问题,我们可以找到一个虚拟的惯性系,因为现在技术上我们可以测量到非惯性运动产生的力。而对于波就不一样了,我们现在还不能精确描述或测量波对于实物运动的作用。也就是说,我们研究的惯性导航设备中并没有能够测量波与实物相互作用的传感器。因为那种相互作用的物理过程还没有搞清楚,传感器当然是做不出来的。也就是说,我们虚拟的惯性系对于波运动来说是无效的。我们也不清楚波源的运动速度对于波的传播到底有什么影响。我们现在知道的是,电磁波可以在真空中传播,但是这种宇宙空间的波在传播中,到底应该选择什么样的坐标系,也就是说绝对空间在哪里?其实这一问题也是相对论所制造出来的,在自然界中存在一个绝对空间,这是人类永远无法企及的;但是人类在自己的实践中总是可以找到一个逻辑空间,来描述所有的实践结果。在迈克耳逊-雷蒙实验中,发射体、接受体和介质处于同步运动的状态,测不出干涉条纹是合理的。但是这里有一个重要的条件,就是在实验的尺度范围内地球的转动带来的影响是可以忽略的,一旦接受体或发射体离地球足够远,它们的旋转运动不能忽略时,波传播的状态分析将遇到很大的困难。只是电磁场理论现在还没有研究过这样的问题,但这并不是必须依靠绝对空间或必须用相对论时空关系来研究的问题,这是一个需要研究也是可以研究的问题,一旦我们测量的对象确定了,这就是一个有限的系统,就可以研究这一系统内的物质运动,而不涉及绝对速度。在这一系统内绝对运动都是一致的。但是还没有人认真地对这一问题进行过研究。由于广义相对论的影响,人们不大重视研究真实三维时空中牛顿运动与波运动相互联系、相互作用的那一类问题。因为研究那一类问题比广义相对论随意假设下的理论研究要困难得多。现代宇宙学中的基础——宇宙膨胀论就是由此造成的,我国学者许少知教授指出了红移不是由于宇宙膨胀而是发射体旋转造成的,完全正确。现在缺少的只是对此作严格的理论分析,这种分析在理论上是复杂的,但是原理上是没有困难的,它只涉及发射体与接受体之间的相对运动,而不涉及以前所设想的以太的绝对运动。它的困难只是由于非惯性系的原因。把地面上(或离地面较近的区域)的惯性系中的多普勒频移公式不加分析地应用于极大尺度的宇宙空间,这对科学造成了多么重大的影响啊!它"证实"了根本不存在的任何逻辑根据的广义相对论,把爱因斯坦原来想从假想的世界回到现实世界的道路转向了越来越背离现实的道路。从拒绝用广义相对论产生宇宙膨胀的结果,也可以看到爱因斯坦的哲学观是多么的深刻和合理!令人遗憾的是那些爱因斯坦的"接班人"只抓住了一个不真实的幻影,就"制造出"一门"现代宇宙学"。其实宇宙学本来不应对社会产生多大的影响,因为历来宇宙学是介于现实和虚幻之间的一个极其广阔的领地。很多人类的科学灵感来自宇宙,同样更多的远看起来像科学,而随着科学的发展当人们走进它时,却发现原来只是幻影的理论大都也来自宇宙。人们本来并不把宇宙学作为一门实实在在的自然科学,但是现在人们正在走出地球,一些过去是与人类无关的宇宙问题成了与人类有关的事了,这就成了问题了。更严重的是,如果现代宇宙学者发现的仅仅是:宇宙是在几十、几百甚至几万亿年前创生的,以及他们发现宇宙的大小有几百亿光年,不过在人类对于宇宙的种种幻想中再增加更为离奇的一种而已。问题是这些背离爱因斯坦哲学观的学者把他们完全违背科学的一套、把从一个方程的"奇点"来随意创造的理论凌驾于人间的科学界,成为人类对一些特殊条件下观察结果进行分析的理论前提,这就不会不对现代科学的发展产生极为严重的影响。正像许少知所说,九九归一,现代物理理论的种种困惑,最终都归结到"广义相对论",归结到现代的某些权威把爱因斯坦的"应该用另一种形式来代替相对论"的临终告诫置之脑后,又盗用爱因斯坦的崇高威望,来发展被他们发展得更加离奇的"广义相对论"。这就是我们认为必须重建自然科学的数理逻辑体系的原因。

总之,现在到了应该抛弃相对论这个以时空关系代替真实物质运动规律的物理框架的时候了。这样说,丝毫不会影响爱因斯坦工作的伟大历史作用,他与亚里士多德类似,从无到有的做出了最大量的科学创新,他的时空相对论、他的物理几何、他的抽象量度、他的辩证逻辑等等,从具体来说似乎都错了,像亚里士多德一样,但是又都给以后的人们开创了科学发展的道路,没有他所开创的道路,我们就无法想象科学能够像现在这样的发展。他的每一件事,粗一看都错了,但是仔细一想,我们的每一步又都是沿着他的指引走过来的。时空关系中时间与空间的联系性、牛顿物质僵化观念的改变、抽象空间下的数学概念、抽象量度与物理学的实际测量的关系等等,哪一样不是与他的灵感一脉相承的?!

但是如果我们僵化地对待爱因斯坦的理论,那么就与前面爱因斯坦批评 19 世纪末物理学的情况一样了:首先是上帝创造了永恒不变的光速,创造了广义相对论的四维时空线元公式,以后就可以由此制造出所有的物理学关系,连物理学的实验观察也必须在这个理论的前提下进行。其实现在理论物理学的某些情况实在是已经非常的无聊了,怎么可能再这样的继续下去呢?

§7.2 量子理论的未来

上面我们讨论的物理世界的逻辑框架的重建实际上只是讨论了与相对论有关的问题。所谓宇观理论,从本质上看宏观理论只是速度接近光速时才出现的情况。但是上面的分析已经说明,实际上光速并不是本质问题,其本质问题是粒子与波的相互作用。所以相对论的问题只要考虑了实物与暗物的相互作用,也就包含了相对论的问题。

而量子力学则是另一类问题。它既有与我们讨论的物理世界相关的一些问题,即在光和电子的运动形式中出现的与量子理论有关的问题:对光来说只是一个在它与带电粒子相互作用过程中所出现的问题,即光总是一份一份地产生和被吸收的问题,电子的量子效应问题可能主要就是电子受到有旋力后所反映出来的与经典运动不同的运动形式问题。这些问题虽还没有深入研究,但是不应有原理上的或逻辑上的困难。量子力学的主要问题还是属于原子内部的运动形式问题:电子与原子核之间的相互作用问题。当然也还可能有原子核内部的相互作用问题,这些问题是比中性物质和带电粒子更深一层的物质运动形式问题,都是现在的物理世界框架所无法包容的问题。

由于量子力学实际上是一个涉及范围很复杂的,而非单一物质运动形式的问题,它从来也没有形成一种物理学的哲学、逻辑框架或体系。但是它却比相对论取得了更多的实际成果。虽然也有人抽象地说过,宏观理论只是量子理论的近似形式,但是实际上从来没有人试图用量子理论来推导出整个牛顿理论或麦克斯韦理论体系。相对论的目标是建立一个无所不包的物理世界的统一体系,所以注定要失败。量子理论取得的成功地方,恰恰是因为它不是把量子理论看成一个全面的统一的理论,而只是某些局部的范围内的特殊规律,它总是和宏观理论紧紧结合在一起。最成功的如激光、量子器件和超导等领域就是这样,量子理论提供的是可以与宏观理论衔接在一起的规律,只是在这些宏观规律的推导过程中用到了量子理论的概念和公式。量子理论在那里提供的只是在量子力学基础上的宏观物理规律,有了这样的宏观机制,就可以很快发展出一门极有应用价值的技术物理领域。而一些纯的量子理论则不然,它们尽管在理论上提出了很多诱人的应用前景,但是既没有逻辑自洽的理论框架的支持,又没有宏观表达形式,所做的实验很难说明切实的物理内容。这些理论,其中最主要的是那些现在很热门的与光子论相关的理论,怎样发展正处于关键的十字路口。是沿着建立自洽逻辑的方向还是沿着逻辑混乱的道路,是尽快建立与宏观机制的联系还是一直在符号体系下发展,是关系到这一理论发展的关键。如果不解决对于"光子"和电子的"波粒二象性"的不同的物理图景,没有一种能够切实与数字联系在一起的自洽的逻辑结构,就不可能找到理论的正确发展道路。在技术上跟踪先进国家的发展道路是非常重要的,在科学理论上的跟踪实在没有什么意义。实际上我国的一些并不著名的学者,如本文参考文献中所引的那些,他们在对于波和粒子运动的基本概念上的思考,不比国内外的主流科学家差,或者说要先进得多。这并不是说,中国人在这方面就比外国人强,而是国外有类似思想的科学家也许处境比我国的科学家更为困难。从主流媒体上我们是无法了解真实情况的,所以我们更应该强调创新!

光子和电子属于两类完全不同的物质存在形式,不可能建立统一的量子理论。实际上光子并不是像电子那样的粒子,它是暗物而不是实物,所谓光量子实际上只是说明这样一种现象:光宏观上看虽然是连续的,频宽可以压缩得很窄,因而常常用一个频率来描述波。**但是实际上它不是连续的,而是最小的基本**

单位,我们把它称为光子,而这种光的量子性质只在波与实物相互作用过程中才体现出来。即光是一份一份地产生的,也是一份一份地被吸收的。此外,想找出像实物粒子那样性质的光子是徒劳的。现在最需要研究的应该是一份一份地发出的光波(它必然有局域的时间和空间分布)在合适的环境下,即存在共振条件和原始激励的条件下,如何能够合成单一的相干模式,表征这一模式的主要特征是频率,当然也不可能是绝对的单频。这里有太多太难的问题需要去解决。但是这比现在研究的单光子的种种性质要切实得多。因为单光子的形态、单光子的质量等等的研究,还缺少逻辑的依据,这就是说实际上自己也不可能知道自己要研究的是什么? 单光子是不可能被捕捉、存放和取出的。现在一些很热门的光速测量和光的质量测量,光速从无穷大到零到负,质量有正、有负、有实、有虚,这些都是逻辑混乱的结果,在一个没有自洽逻辑的情况下,实验的结果是无法精确的表示出来的。所以对某些问题在一定的时候实验研究一定要与建立逻辑自洽理论的研究结合在一起。量子光学大概就是如此。

§7.3　结束语

关于自然科学体系现在迫切需要进行逻辑重建的想法,还是在香山科学讨论会期间才正式形成的。所以这本书在香山会议前后虽然改动内容并不很多,但是改动的都是最基本的内容。在香山科学讨论会以后的两个多月里,我们一直在思考这样一个问题:20 世纪人类在科学、技术、教育、文化等社会的各个方面都得到了如此飞速的发展,可是为什么在科学的天空上却不是有几朵乌云,而是铺天盖地的浓雾,这个笼罩着整个宇宙的浓雾就是旷古未有的离奇荒唐的宇宙图景。

这个宇宙的图景有点像三千年前的古希腊科学家们所给

出的宇宙图景:地球处于宇宙的中心,有一个有限大小的宇宙的边缘。所不同的只是:在古希腊的宇宙图景中,所有的重物都落入地球,现在是所有的实物都远离地球而去;古希腊时代的科学家们没有能给出宇宙边缘的大小,也不知道这个宇宙是什么时候和怎样创生的,霍金和现代宇宙学家却不定期地发布他们所测得的宇宙现在的大小和年龄,它的创生是从一个没有物质、没有空间和时间的"奇点"爆炸而成的,这个"奇点"是他从一个"公式"计算出来的。奇点爆炸了,宇宙上的一切物质都产生了,接着就远离我们而向外飞去,越飞越快,我们有幸处于这个爆炸的中心。它的边缘现在离我们已经有200多亿光年了,据此他也算出了宇宙的年龄为80至几百亿年。这两种宇宙模型都是从没有物质实在的时空概念中衍生出来的,所以有类似的形式并不奇怪。但是它们之间也有很大的不同:古希腊的科学家们是自己在地球上用眼睛在看星象,他们从星象图上看到这七个行星画出来并不是规则的球面。于是想象不止有一个轮子在驱动,除了主轮画大圈外,还有从轮在大圈上画着小圈,这样的想象在一定的时期正是人类认识世界的动力,于是发现了以太阳为中心更合理的宇宙图景。因为那时候的人是用眼睛在看,他们看到的东西是实在的,因而越来越看得清楚、准确,于是科学就发展起来了。现在的理论权威是用方程式在看,他们自己用不着去看物理实在,让别人去看,把看到的结果告诉他们,他们用他们才懂的方程式再看一下,才得到"正确的实验结果"。所以只要这个方程式不改变,就不会有发展!

中国有句古话,相信鬼的人总能见到鬼。他们现在正在让人们到处找子虚乌有的东西:一曰"创生期的光子",据说大爆炸初期的光子可能与现在的光子性质不一样,找到了它们就能完全解开大爆炸初期的秘密。这样的光子可以用超大型望远镜在空间寻找,那些在宇宙边缘来的光子就是创生期的光子,它们与我们一样都是在大爆炸中创生的,我们已历经沧海桑田,连几万年前的事都茫茫然了,而那些执着的光子一爆炸就往现在的宇宙边缘跑去,到了那里立即跑回来又刚好被我们的物理学家抓住了,还一成不变地保留着创生时的性质。二曰寻找时间的变化,他们用两个飞船分别装上两个原子钟以顺和逆地球自旋的两个方向飞行,回来以后地球上就有三个时间了。这不是因为时钟不准或不同地区对时间定义不同所出现的不同时间,而是实实在在的从他们的万能的公式中产生的三个时间,同样还会有很多不同的空间。到那时候没有了绝对的时间和空间,"这是否意味着没有绝对的道德标准?"正像霍金所说,"只有相对论才是最优美的"。三曰寻找四维时空的扭曲,也让一般的人体会一下不做压扁的臭虫的味道。其他的找鬼的事不胜枚举,如占宇宙百分之九十六的暗能量和暗物质、真空能⋯⋯。

　　为什么会有那么多人相信那些既无物理实在又无逻辑依据的事呢?而且这些人还都是有过最高教育的科学家?这就叫道高一尺魔高一丈!对于那些从他们的公式中不断发现稀奇古怪的东西让人们来找的人,和他们讲什么逻辑,讲什么物理实在都已经没有用了。怎么办呢?看来必须抓住他们讲的不符合实际的最直接的证据!我们前面说过爱因斯坦为了打破牛顿框架的自闭性,不得不用很多逆向思维的方法。但是在任何时候,他都没有放弃正常人的思维模式,对他来说,最大的思虑总是那些逆向思维的理论是不是"真货色",会不会把人类的思维引向错误的道路?在他的相对论推导出宇宙膨胀以后,毫不犹豫地拒绝了这种违背正常思维逻辑使宇宙膨胀的结果。尽管 19 世纪 20 年代哈勃已发现了星系红移并提出了宇宙膨胀的理论,但是直到爱因斯坦逝世以前,他仍明确提出他对相对论的担忧。

要抓住那些毫无逻辑依据和物理实在的理论的错误,光指出它们的逻辑错误和不符合物理实在,已经没有用了,因为他们认为逻辑和物理实在都应该符合他们的理论;所以必须抓住他们所犯错误的第一现场的直接证据!其他的一切逻辑和人类直接经验都已不足为凭的。这个第一证据不是别的,就是被爱因斯坦放弃而被霍金等人所捡起来那个东西!也就是所谓宇宙膨胀的证据,"这种与时间相关的宇宙模型一直到19世纪20年代才被认真考虑。基于威尔逊山上100英寸的望远镜观察结果,观察显示,离我们越远的河外星系飞离越快,换句话说,宇宙在膨胀中,两个星系间的距离随时间增加"。如果真是这样,那么确是爱因斯坦错了。但是要知道望远镜所能发现的,实际上并不是河外星系的距离随时间增加,而只是从河外星系得到的原子光谱系中有红移!这就是一个不恰当的理论参与实验造成科学混乱的一个最好的例证,也是现代宇宙学和与此相联系的那个方程式只能产生混乱的最直接的证据。一定条件下某种理论参与实验的描述是必要的,但是不能把它看作一成不变的,从19世纪20年代到现在科学发展很快,难道理论不能发展吗?我国科学家许少知提出的星球旋转造成红移,就是在第一现场抓住了错误理论的事实!并不是当时的科学家在装鬼,那时还没有电磁场理论的足够知识。现在应该有了!为什么一些物理学家总是那么重视近百年前的某个科学家的理论,而不自己去想一想物理实在到底是怎么样的?为什么不从迅速发展的技术科学中去寻找物理学基础的新的感性材料呢?

经典理论认为只有纵向运动会产生多普勒频移,而横向运动不产生多普勒频移是对惯性运动而言。由于物体的速度总是远远小于光速,在地球上进行的实验中,发射体与接受体的距离对于光来说只是一瞬间的事,所以可以把横向运动对于频移的影响忽略。但是这怎么能够推广到宇宙空间的尺度呢？现在要研究的是星系的多普勒频移，所有的星体都有旋转，这种旋转属于非惯性运动。虽然对于非惯性运动远距离的多普勒频移还没有人做过深入的分析，但是我们可以用经典理论同样的分析方法，大量的实验已经证明，光一旦离开发光体就与发光体的运动无关，以波的形式、固定的速度传播，但是发光体却仍然以自己的形式运动，产生光谱的发光分子所发出的光与发光体的运动无关，向着垂直于球面的法向以光速传播。某个发出原子光谱线的分子（或原子）随着星体旋转，把这一分子（或原子）所发出的光波连起来就成一条阿基米德螺线。哪怕星体的自旋为每年一圈，100亿光年外的星体原子发出光的波连成的阿基米德螺线到地球时，已经转了100亿个圆圈。它所造成的频移自然比轴向运动大了不知多少倍，所以可以忽略的反而是轴向运动。这样在19世纪20年代，在威尔逊山上100英寸的望远镜观察到的红移并没有显示出宇宙在膨胀，只不过显示了河外星体也在旋转而已。所以凡是出现不合逻辑的情况时，正常思维方式要比那些不合逻辑的"创造性"的思维要有用得多。

既然红移不反映宇宙膨胀，那么霍金等人的现代宇宙学还留下什么东西呢？本来奇点大爆炸之类的东西就是被爱因斯坦所抛弃的东西，他从捡起被爱因斯坦抛弃的东西以后所做的一切没有什么是符合人类的逻辑思维规则的。

当然，不论在宇宙学还是在广义相对论中，很多科学家所做的工作中有很多还是极有意义的，特别是所有的实验观察，但是我们一定要用人类正常逻辑思维规则进行思考。现在看来从一个没有严格逻辑前提的方程式，不论从爱因斯坦的四维时空的方程式，还是从其他类似的方程式，来制造不论是新的物理理论还是预言新的物质存在形式，实际上还没有见到过真正成功的例子。

用牛顿理论预言海王星的存在,是因为牛顿理论在他的力与运动规律的范围内是一个自洽的理论,而海王星的存在和运动形式也属于这样的逻辑自洽的理论体系。而牛顿以后,整个 20 世纪,在物理学的体系上还没有出现过任何一个自洽的理论体系,所以不大可能出现任何实在的科学预言。

　　现在物理学上在寻找的东西实在太多了!有太多的人在寻找从方程式中预言的事物,从单极性磁荷,引力波,光子质量、大小和形状,真空能,暗物质,暗能量,超光速量子通信,各类反物质等等,当然这些也是科学发展的一个方面,但是从现在的情况来看,物理学所真正迫切需要做的事并不是这些,而是建立逻辑自洽的物理学理论体系。因为在工程技术领域即将进入原来的微观、宏观和宇观世界交叉领域的时候,我们所面对的混乱不堪的逻辑体系已经严重阻碍了科学的发展,20 世纪理论物理脱离工程和技术实践、在没有自洽的逻辑前提下,已经走得够远了!给人类的思维逻辑和直接经验留下的空白也够大了!关于宇宙膨胀的实验解释就是一个最清楚的例子,把宇宙膨胀理论作为前提已经发展出了现代天文学和现代宇宙学两个学科领域,它们的所有新理论都是建立在这一子虚乌有的河外星系膨胀的理论前提之下,更多的还没有形成新学科规模的理论也都是建立在同样子虚乌有的四维空间理论的前提下。同样量子力学也是一个没有自洽逻辑体系的理论,这些理论一旦离开宏观的机制和人类长期经验积累所建立起来的思维逻辑轨道,特别是当它与广义相对论结合在一起的时候,同样也会产生各种虚无理论前提下的新理论。而这些理论所面对的正是人类正在进入的微观、宏观和宇观世界的交叉领域,显然对科学的发展产生的不会是正面的、积极的影响。所以建立自洽的逻辑体系,或者清醒地意识到对于那些没有自洽理论体系下所发展出来的东西,最迫切的任务不是继续在不明确的逻辑前提下越走越远，而是尽一切努力建立与宏观机制的联系，填补与人类生产和生活中所积累的直接经验和思维逻辑之间的空隙。

我们希望以后会有更多的人关心那些从工程和技术科学中所产生的新感性材料，并用它来检验已有的还没有自洽逻辑的物理理论，并为建立新的物理世界的数理逻辑框架奋斗！当然建立逻辑自洽的物理逻辑框架并不是物理学的全部，即使我们建立了一个逻辑自洽的物理世界的新框架，它的逻辑前提依然只能包含有限的论域，只是要比现在的宽广一些而已！建立包罗万象的统一理论总是注定要失败的。人类还是需要在混沌状态下进行探索的勇气，但是这种勇气只能用在确实需要的那些时候和那些地方。

参 考 文 献

[1] 黄志洵. 超光速问题与电磁波异常传播的研究. 现代电磁理论、量子理论与超光速完全问题研讨会,大会报告集,北京. 2000,22.

[2] 曹盛林. 芬斯勒时空中的相对论. 北京:北京师范大学出版社,2001.

[3] 库珀著. 物理世界. 杨基方等译. 北京:海洋出版社,1981.

[4] 牛顿. 自然哲学的数学原理. 1687.

[5] 黄志洵. 超光速研究. 1999.

[6] 宋文森. 并矢格林函数和电磁场的算子理论. 合肥:中国科学技术大学出版社. 1991.

[7] 宋文森. 现代电磁场理论的数学基础——矢量偏微分算子. 北京:科学出版社,1999.

[8] 宋文森,张晓娟,徐诚. 现代电磁场理论的工程应用基础——电磁波基本方程组. 北京:科学出版社,2003.

[9] 威切曼 E H. 量子物理学. 复旦大学物理系译. 北京:科学出版社,1978.

[10] 杨本洛. 流体运动经典分析. 北京:科学出版社,1996. 246.

[11] 杨新铁. 突破光障. 香山科学会议第 242 次学术讨论会,北京. 2004:391～409.

[12] 任继愈. 中国哲学史. 北京:人民出版社,1963.

[13] 陈亚孚. 量子电动力学导论——光子学导论. 北京:兵器工业出版社,1992.

[14] 陈熙谋,陈秉乾. 电磁学定律与电磁场理论的建立与发展。北京:高等教育出版社,1983.

[15] Tai C T. Dyadic Green's Function in Electromagnetic Theory. Intext Educational Publishers,Scratton,1971.

[16] 戴振铎,鲁述. 电磁理论中的并矢格林函数. 武汉:武汉大学出版社,1995.

[17] Tai C T. Generalized Vector and Dyadic Analtsis. IEEE Press. Piscataway N J 1992.

［18］方能航.矢量、并矢分析与符号运算法。北京:科学出版社,1996.

［19］盖尔方特ＮＭ,希洛夫ΓＥ著.广义函数Ⅰ.林坚冰译.北京:科学出版社,1965.

［20］盖尔方特ＮＭ,希洛夫ΓＥ著.广义函数Ⅲ.林坚冰译.北京:科学出版社,1983.

［21］黄志洵.超光速研究新进展.北京:科学出版社,2002.

［22］杨本洛.自然科学体系梳理.上海:上海交通大学出版社,2005.

［23］高山.量子运动与超光速通信.北京:中国广播电视出版社,2002,22.

［24］张操.修正的相对论和引力理论.北京.2000.

［25］许少知.“同时性的相对性”是个伪命题.发明与革新,2000,9:35～38.

［26］黄德民.论物理现象的本质——物质作用论挑战相对论.西安:陕西科学技术出版社,2001.

［27］路甬祥主编.现代科学技术大众百科.科技与社会卷.杭州:浙江教育出版社,2001.